歩くサナギ、うんちの繭《まゆ》

昆虫たちのフシギすぎる「変態」の世界

篠原かをり

大和書房

はじめに

昆虫の秘密の生態が詰まった「変態」の世界

歩くサナギに、泳ぐサナギ。寄生してサナギを乗っ取る者に、うんちでサナギを守る者——。

地球上の生物の約7割を占めるといわれている昆虫。彼らはどこにでも潜んでいます。草生い茂る野山はもちろんのこと、南極の酷寒の中にも、遥かな海の上にも、あなたの家の本棚にも。これほどまでに身近な存在でありながら、昆虫は今も私たちにとって、ミステリアスな存在です。しかし、昆虫に魅了された人々の手によって、彼らの秘密は、今このときも解き明かされ続けているのです。

冒頭に列挙した不思議な生態は、全て昆虫の成長過程である「変態」にまつわるものです。「変態」という言葉に馴染みがない方もいるかもしれません。一番わかりやすいのは、イモムシがサナギになってチョウになる現象でしょう。しかし、実は、変態とは、サナギになることだけを意味する言葉ではないのです。変態については、小学校3年生の理科で学ぶことになっていて、教室でチョウを育てた経験のある人もいるでしょう。サナギから目当てのチョウ以外の昆虫が出てきてしまったという人も、それはそれでラッキーな経験です。チョウに寄生するハチやハエの変態を目撃できたということなのですから。

人間の成長では決して見られない、変態という現象は昆虫の生態の面白さと美しさを知るのにうってつけの神秘の宝庫です。

本書は、世にも不思議な昆虫の成長過程、「変態」にまつわる数々の疑問の答えを探し、6本脚の小さな隣人たちへの親しみを深めることを目的とした本です。昆虫は、種類でも数でも、並ぶものがいないほどの圧倒的な繁栄を誇っています。もし、宇宙人が遠くから地球を覗いたら、きっと「昆虫の星」と結論づけることでしょう。これほどまでに豊かな昆虫の多様性に大きな役割を果たしているのが、変態なのです。

今回、この本で変態という現象を通して、一緒に昆虫の魅力に熱狂する仲間を求めている、筆者の篠原かをりと申します。慶應義塾大学大学院では分子生物学の観点から昆虫食の研究を、日本大学大学院で文化表象の観点から、カイコとミツバチの研究をしています。昆虫も昆虫以外の生き物もこよなく愛し、たくさんの生き物と暮らしてきました。数で愛を測るものではありませんが、特にたくさん一緒に暮らしてきたのは、ドブネズミとゴキブリです。ゴキブリは、「ブリトニー」「ブリオッシュ」「ブリヂストン」という3匹のマダガスカルオオゴキブリを迎えてから、心底好きになってしまい、一時は400匹以上と一緒に暮らしていたので、学部生時代は、ゴキブリの家に居候しているような感じでした。昆虫をはじめとする、生き物たちの魅力を伝えたいという気持ちが溢れ出した結果、現在は動物作家として、10冊以上の本を出版しています。

また、タレントとしても活動していて、38年にわたって放送されていたTV番組『日立・世界ふしぎ発見!』ではミステリーハンターとして、人間以外の生き物の取材を中心に世界中を飛び回ってきました。

いまだに謎だらけの魅惑の世界

「変態」を心底不思議に思ったのは、番組のロケで訪れた南米のスリナムでした。私はそこで、とても美しいチョウを見ました。裏は厳つい目玉模様、表は貴金属のようなメタリックブルーの翅をもった、モルフォチョウです。誰が決めたのだか知らないけれど、世界で最も美しいチョウと呼ばれることもある、この美蝶の牧場を訪れたときのことです。百葉箱のようなケージの木枠にびっしりと張り付いているイモムシが、まるでナメクジをうんと引き伸ばして8頭身にしたような、成虫とは似ても似つかない見た目をしていることに衝撃を受けました。チョウやガの幼虫と成虫の姿が大きく異なることを知っていたにもかかわらず、あまりの違いに驚いてしまったのです。

人間でも似ていない親子はよくいますが、そうはいっても限度があります。しかし、昆虫の世界では、その似てなさは、想像を遥かに飛び越えます。もし、何も知らずにチョウの幼虫と成虫を見たら、同じ種類の生き物とは信じられないでしょう。

自分自身が成長するにつれ、彼ら昆虫の成長が人間とは全く違うという実感を得て、より変態に魅力を感じるようになりました。背が伸び、顔つきや考え方が変わっても、私自身は確かに生まれたときから今まで1人の同じ人間だと確信がもてます。幼少期の思い出を振り返り、どのような経験が今の自分を形作ったかについて思いを馳せることができます。

では、昆虫はどうなのでしょうか。イモムシのときの記憶をサナギの中でもじっと留めておけるのでしょうか。幼虫と成虫は本当に同一の個体なのでしょうか。例えば、私が一番好きな食べものは物心ついたときから今に至るまでずっとエビなのですが、樹液を舐めているカブトムシは、かつて大好きだった腐葉土の味なんてすっかり忘れてしまっているように思えます。

一口に「変態」と言っても、その実態は様々です。詩や小説、絵本といった文学作品の中では、イモムシがチョウに羽化することを一貫して、美しくなる変化として扱っていますが、実際には幼虫の方が華美な見た目をした昆虫もいます。

シャンデリアのように煌びやかな透明の体をもつジュエルキャタピラーと呼ばれるイモムシは、色の濃いひよこのようなふわふわのガになります。体越しに向こう側の葉っぱの葉脈まで透けて見える幼虫の体の一体どこにオレンジ色の毛並みを隠していたのでしょうか。そんな隠し場所は到底、見つかりそうにありません。では、全ての秘密はサナギの中に詰まっているのでしょうか。そうとも断言できない気がします。例えば、チョウはサナギの中で成虫の体を作っているように見えるけれど、角のあるサナギになるカブトムシは、幼虫の体の中に既に成虫の姿が用意されているように見えます。

昆虫の衝撃的な変化は一体、いつどこでどのように起きているのでしょうか？

サナギというのも、大変謎の多い存在です。サナギは、ほとんど動かず、ものを食べない静止状態の形態です。硬い皮膚で覆われていて、木や草の陰、あるいは蛹《よう》室《しつ》や繭の中で来るべきその日までじっと息を潜めています。休んでいるように見えますが、その中では、幼虫の体を成虫に作り替えるための目まぐるしいスクラップアンドビルドが行われている、とても繊細で大事な時期なのです。

しかも、変態のなかでもサナギの期間があるものとないものがあります。もし、昆虫が人間のような社会を作るとしたら、サナギとして静止していた分、出世が遅くなることが問題になったり、不完全変態の昆虫が、サナギ休暇がないことを不平等だと訴えたりするかもしれません。人間感覚だと、休まなければいけない期間がある方が肩身が狭くなるのではと考えたりしますが、昆虫の8割はサナギを経て成虫になるのでマジョリティーといえるでしょう。おまけにサナギになる組はチョウやカブトムシ、クワガタ、ホタルといった人気の高い花形昆虫が揃っていますが、サナギにならない組はバッタやゴキブリ、カメムシとややタレント不足の感があります。カマキリとトンボといった数少ない王道肉食昆虫に思いを託すしかないのだろうかと空想がはかどります。

「変態」といっても、その様子は千差万別。

例えば、季節。同じチョウの仲間でも、アイノミドリシジミは卵の姿で、オオムラサキは幼虫の姿で、アゲハチョウはサナギの姿で、キチョウは成虫の姿で冬を越します。「蝶」は春の季語ですが、「夏の蝶」「秋の蝶」「冬の蝶」という季節ごとの季語があるように、どの季節にも何かしらの昆虫が息づいています。春や夏に成虫になれば餌に困らないし、反対に寒い季節に成虫になっても、競合相手や天敵が少ないというメリットがあります。ただ、同じ種類の仲間と同じタイミングで成虫になりさえすればよいのです。

これは昆虫たちのたった1つの目的のためです。昆虫の生涯は、ほとんど繁殖のためにあるといっても過言ではありません。もちろん、昆虫は、花粉を運ぶことで植物を繁栄させたり、多くの動物の餌になることで食物連鎖を支えたりと地球の中では非常に大きな役割を果たしています。しかし、それらは、繁殖のために昆虫たちが獅子奮迅する過程の副産物に過ぎません。その偉大なる繁殖のためのフォルムチェンジが変態です。幼虫は歩く消化器、成虫は飛ぶ生殖器と表現されます。とにかく体を大きくするため、食べるのに特化したのが幼虫で、交尾の相手を探すのに有利な運動能力を手に入れたのが成虫です。成虫になったら体が大きくなることはありませんし、いくつかの種類では、口が退化して食べることすらできなくなるのです。

　人間にも一応、成人といわれる社会的なタイミングはありますが、昆虫ほど鮮やかに切り替わるものではなく、ぬるりと子供時代を継続し、緩やかに大人に向かう人の方が多いと思います。なぜ、昆虫は潔く生き方を切り替えることができるのでしょうか？　昆虫を突き動かしている力の源とは一体なんなのか。これから一緒に奇想天外な変態の魅力に迫っていきましょう。

もくじ

第2章 昆虫たちのフシギすぎる変態20

第1章

一筋縄ではいかない変態の世界

昆虫に変態が必要なわけ

成虫と幼虫で食べるものが変わる

なぜ、昆虫は変態するのでしょう。私たち人間と同じように少しずつ大きくなるのではいけないのでしょうか。おそらく、昆虫が変態しない動物だったら、これほどまでの繁栄を遂げることはなかったことでしょう。特に、ペルム紀（約2億9900万年前から約2億5100万年頃）に出現した、完全変態という変態方式は昆虫の世界を鮮やかに彩り、大きく広げた画期的な発明だと言えます。

完全変態とは、幼虫から成虫になる過程でサナギになる変態です。

完全変態の大きなメリットは、幼虫と成虫の住み分けです。例えば、アオムシとモンシロチョウ。アオムシはキャベツやダイコン、カリフラワーといったアブラナ科の植物の葉っぱを食べて育ちます。そのため、硬い葉でも噛み砕ける、ガッチリと噛み合った立派な顎があります。それでは、アオムシが大人になった姿であるモンシロチョウはどうでしょう？　ストロー状の細長い口がくるくると丸まるように収まっています。食べるものは花の蜜や樹液で、この細長い口を伸ばして花の奥や木の割れ目に差し込んで食事をしています。

実は、大人と子供で食べるものを変えることは、生存上の大きなメリットになるのです。子供の頃、レストランで私の大好物のエビが出たときは、父も母も自分の分を私に分けてくれました。モンシロチョウもアオムシにキャベツを譲ってあげたいのです。では、モンシロチョウがアオムシにできるだけキャベツを譲ってあげるためには、どうすればよいでしょうか？　そうです。別のものを食べるとよいのです。そもそも、大人と子供で同じ種類のものを食べることは、非常にもったいないことなのです。

同じ種類同士の野生動物の競争は大抵、異性と食べものの奪い合いによって起きます。たくさんの食べものを獲得して生き延び、できるだけ多く、遺伝子を後世に伝えることが目的だからです。遺伝子を伝えるために必要な存在である、次世代の幼虫と競合するのは効率的でないので、食べものをガラリと変えることで余計な争いを回避しているのです。

何も食べない成虫

そして、ここで重要になるのがサナギです。サナギになることで消化管を新たに作り替えるという大胆な身体改造が可能になり、効率的な成虫と幼虫の住み分けが実現します。人間も子供から大人になるときに味の好みが変わることがありますが、完全変態の昆虫のように、何かが作り替えられているわけではなく、味蕾《みらい》という味を感じるセンサーが加齢に伴い、鈍化していくので苦手な味が減ってくるだけです。消化器の未熟な乳幼児を除けば、子供も大人も食べられるもの自体は変わりません。

幼虫と成虫で食べものが変わるどころか、成虫になると食べものを摂取しなくなる昆虫もいます。大量に飼うと、家中に雨のような咀嚼音を響かせる大食漢のカイコも、よく食べるのは幼虫だけです。成虫のガはものを食べる口をもたず、羽化して1週間ほどで死んでしまいます。幼虫期に食べるだけ食べ、成虫になってからは、幼虫のときに蓄えたエネルギーだけで、ひたすら交尾と産卵だけを行い、太く短い成虫期を終えるのです。

儚さの代名詞として知られる、カゲロウも口がない成虫の一種です。成虫になってからはわずか数時間から数日の命だといわれています。ちなみに、この儚いカゲロウとよく間違えられるのが、アリジゴクの成虫である、ウスバカゲロウなのですが、こちらは立派な顎をもっていて、成虫になってからも、バリバリと小さな昆虫を捕食します。全く違う種類なのですが、どちらも成虫になったときの繊細な薄い翅をもつ見た目が似ていることから似た名前がつけられたのです。

スズメバチの成虫は肉を食べない!?

幼虫と成虫で違う場所に暮らし、違うものを食べ、違う体の作りをしていることは、リスクヘッジになり、環境の変化に強くなるというメリットがあります。みんなで同じ生活をしていると何かアクシデントが起きたときに集団全体が危機に瀕してしまいますが、分けていると全滅が避けられます。人間の社会でも飛行機の操縦士と副操縦士は別々の機内食を食べるという決まりがありますが、これは同時に食中毒になるリスクを避けるという目的があります。万が一、生焼けだったチキンを食べた操縦士がトイレにこもってしまっても、カレーを食べていた副操縦士が代わりに飛行機を操縦できるというわけです。

完全変態の昆虫は、変態することによって種全体でこのようなメリットを得ているのです。人間は目的をもって、リスクを回避しますが、生き物の進化は目的をもって行われるものではありません。ランダムに生じる変化が、たまたまそのときの周囲の環境で遺伝子を残すのに適した形質だった場合に残るのです。完全変態の昆虫は、大量絶滅が起きたペルム紀に出現したと考えられています。そのため、ペルム紀の環境の変化を乗り切るのに完全変態のライフスタイルが適していたのではないかと考える説もあります。なかには、幼虫と成虫で食べるものが違うことがリスクの低減にならない完全変態の昆虫もいます。

代表的なものはスズメバチです。スズメバチは、他の昆虫を狩り、肉団子にして巣にもち帰る獰猛な肉食昆虫として知られていますが、意外なことに大人になってからは、肉を食べません。腰が砂時計のようにくびれた体型をしているスズメバチは、固形物を摂取することができません。そのため、樹液や花の蜜、そして、幼虫が分泌する

ＶＡＡＭという液体を摂取して生きています。このＶＡＡＭはスポーツドリンクの名前にも使われています。Vespa Amino Acid Mixture（スズメバチアミノ酸混合物）の頭文字で、スポーツドリンクに使われているのは、もちろん、本物の分泌物ではなく、この分泌物を化学的に再現したものです。スズメバチの成虫がもち帰っている肉団子は全て幼虫を育てるための餌なのです。スズメバチの幼虫は、ボテッとしたイモムシで、巣の中でただひたすら、成虫がもってくる餌を待っています。ですので、成虫のスズメバチがいなくなってしまった場合は、自分で餌をとることができず、共倒れになってしまうのです。

テントウムシやハンミョウは完全変態の昆虫ですが、幼虫と成虫が同じものを食べます。反対に、不完全変態の昆虫でも、水の中から空中へと、生活する場所が大きく変わるトンボは、幼虫と成虫で食べるものが変わります。

実は、もう1つ、昆虫の変態にはとても大きなメリットがあるのですが、それは後ほどお話ししていきましょう。

完全変態、不完全変態、無変態、過変態——変態にも種類がある

サナギにならない不完全変態の世界

「変態」と聞いて、多くの人が最初に思い浮かべるのは、チョウやカブトムシ、ハチのように幼虫からサナギになって成虫へと変化する完全変態ではないかと思います。現存する昆虫の8割は完全変態ですが、元々は、不完全変態の昆虫から進化して獲得した特徴です。ゴキブリやトンボ、カワゲラの仲間など、より原始的な特徴を残した昆虫はサナギの期間を経ずに成虫になる不完全変態をします。

昆虫は約3億年前に完全変態を獲得したと考えられています。昆虫が翅をもち、飛べるようになってから約1億年後の出来事です。完全変態の獲得は昆虫の歴史を大きく変えることとなり、爆発的な種類の増加をもたらします。

一般に完全変態の昆虫は、幼虫と成虫の姿や生態、食べるものが大きく異なり、不完全変態の昆虫は、あまり変わらない傾向にあります。特にカマキリやバッタ、ゴキブリといった不完全変態の昆虫は、幼虫と成虫でほとんど生活する場所を変えません。最後の脱皮で翅が伸びますが、飛翔能力も乏しいため、自由にどこかに飛んでいくという生活スタイルではないのです。明確にできるようになることとしては生殖くらいです。

不完全変態の中でも完全変態のような変化を見せる昆虫もいます。セミやトンボは、最後の脱皮を終えて、変態することで生活する場所を大きく変えます。セミは、地面の下から這い出て、高い木や空中を主戦場とし、トンボは、なんと水中から空中に進出します。

それでも食べるものはほとんど変わりません。セミは、幼虫も成虫も木の汁を吸って生活していて、生活場所の変化に伴い、それが木の根から吸うか木の幹から吸うか変わるだけです。ヤゴとトンボは水中と空中という大きな変化を伴うだけあって、少し変わります。ヤゴはミミズやボウフラ、小さな魚を食べて生活していますが、トンボはハエやチョウのような飛ぶ虫を食べて生活します。しかし、肉食であるということには変わりません。もっとも、完全変態の昆虫であっても、草食か、肉食かまで食生活が変化するものは、多くないのですが、先ほど述べたスズメバチをはじめ、例外的な昆虫もいますので、この後の章でお話しましょう。

セミやトンボのように大きな変化を伴う不完全変態には、また味わいの違う不思議さがあります。例えば、オニヤンマのヤゴは5cmほどの大きさまで成長します。そして、そのヤゴの皮を脱ぎ捨てたとき、10cm程度の大きさの、しかも5〜6cmの翅をもつトンボへと変わるのです。セミも同じです。夏になったら、ぜひ、セミの抜け殻とセミをくらべてみてください。

変態は命懸け

初夏の夜中や朝早くに公園に行くと、セミの抜け殻の横にまだ羽化したばかりのセミが体を乾かすためにじっとしているのを見ることができます。脱皮したばかりの昆虫は、不完全変態でも完全変態でも、とても繊細です。かつて地球上に存在していたメゾサイロスという1mほどもあるカゲロウのような巨大昆虫は、脱皮に時間がかかりすぎて絶滅したといわれています。脱皮したばかりの昆虫は殻が柔らかく、おまけに敵に襲われても、すぐに逃げ出すことができないのです。そのため、幼虫から成虫へと変化する羽化は夜中に行われることが多いのです。

どうしてもソフトシェルのセミが食べたくて、夜中の公園で羽化したばかりのセミをひょいひょいと拾ってエビチリならぬセミチリにして食べたことがあります。柔らかくまろやかで、セミの幼虫のような甘い草の味もせず、大変美味しかったです。ソフトシェルのセミが食べたいという目的でないのならば、羽化したてのセミを触ることはおすすめしません。少し突いただけで地面に落下したり、成虫になれなくなってしまったりするのです。

そんな危険を冒しても、昆虫は変態というフォルムチェンジを決行します。完全変態が主流になっていることからも、幼虫から成虫になる際に大胆なフォルムチェンジを行うことは、今の地球の環境において、次世代に遺伝子を残すのに有利に働く特徴になっていると考えられます。

不完全変態よりもさらに原始的な特徴を備えた昆虫に「無変態」の昆虫が存在します。無変態はシミやイシノミといった小さな昆虫に見られる変態の形式です。脱皮を繰り返すことで成長し、外部生殖器を除き、ほとんど体型変化が見られません。不完全変態の昆虫には最後の脱皮で翅を獲得するという決定的な変化がありました。無変態の昆虫にはこの変化がありません。そのため、無翅昆虫《むし》とも呼ばれます。地球上に初めて姿を現した昆虫はこのような無翅昆虫でしたが、今ではわずか1％の少数派になっています。

華麗さの裏には毒がある!? 過変態するツチハンミョウ

珍しい変態をする昆虫は他にもいます。ツチハンミョウやネジレバネといった昆虫は「過変態」という極めて珍しい完全変態の形式をとります。幼虫から成虫になるときだけではなく、幼虫の間にも著しく姿形を変えるものを過変態といいます。

卵から孵ったばかりのツチハンミョウは細長い体と立派な脚をもった姿をしています。その立派な脚で近くの花によじ登り、ハナバチが蜜や花粉を集めに来るのを待ちます。花を訪れるハナバチにしがみつき、巣に侵入するためです。巣に侵入したらハナバチの卵を食べ、脱皮してコガネムシの幼虫のようなイモムシ状の幼虫になります。栄養豊富な食べものがたくさんあるハナバチの巣の中で脱皮を繰り返し、やがて擬蛹《ぎよう》と呼ばれる硬い表皮に包まれたサナギのような状態になります。しかし、この擬蛹から出てくるの

変態の分類

脱皮

古い皮膚（クチクラ）を脱ぎ捨て、成長すること。変態は脱皮の一種。体の機能を変える脱皮を「変態」という。

変態

名称	形式	代表的な昆虫
完全変態	サナギの期間を経て、成虫へと変化する。現存する昆虫の約８割が当てはまる。	チョウ カブトムシ ハチ
過変態	完全変態のうちのひとつ。幼虫時代にも著しく姿形を変える。	ツチハンミョウ ネジレバネ
不完全変態	サナギの期間を経ずに成虫になる。最後の脱皮で翅を獲得する。	ゴキブリ トンボ カワゲラの仲間
無変態	脱皮を繰り返すことで成長する。翅を獲得しない。現存する昆虫の１％程度。	シミ イシノミ

は成虫ではありません。またイモムシ状の幼虫に戻るのです。その後、本物のサナギを経て成虫になります。

まだ、なぜこのような複雑な変態を辿るのかは、明らかになっていませんが、厳しい季節を安定したサナギの状態で過ごすためではないかという説があります。また、擬蛹になる前の段階で餌が不足していると、擬蛹の段階を飛ばしてサナギになり、成虫になるという一般的な完全変態と同じような経過を辿ることがあります。

ちなみにツチハンミョウは、かつて忍者が暗殺や自害のためにもち歩いていたほどの猛毒の持ち主です。触るだけでも皮膚が腫れ上がるような危険な昆虫なので、目まぐるしい変態の華麗さに心惹かれたとしても十分に注意して接するように心がけましょう。

脱皮と変態は違うのか？

昆虫の骨は外側にある!?

脱皮と変態の違いを説明するために、まずは脱皮という成長方法についてお話ししたいと思います。

昆虫は外骨格という体の作りをしています。人間は、体内を支えるように骨がある、内骨格ですが、昆虫は骨に包まれたような構造をしているのです。近頃、骨格ストレートだとか骨格ウェーブだとか、生まれもった骨格によって似合うファッションを知るための理論が流行っていますが、骨格の基本はまず、外骨格か内骨格かです。内骨格の中での微妙な差異は、この大きな違いにくらべると存在しないに等しいものです。

内骨格と外骨格では、成長の仕方がまるで異なります。まず、内骨格である人間の成長を見ていきましょう。人間の成長では、骨の先にある軟骨の中の軟骨細胞が外側に増え、内側にある時間が経った細胞から順番に硬い骨へと変わることによって少しずつ骨が大きくなり、背が伸びます。皮膚も骨や筋肉の成長とともに、新陳代謝を繰り返しながら、大きくなるので、人間は少しずつ成長することができるのです。

昆虫は、真皮細胞とその外側にあるクチクラ層からできた頑丈な皮膚をもっています。真皮細胞とクチクラが結合しているため、皮膚があまり伸びず、クチクラ層を脱ぎ捨てなければ、大きくなることができません。箱にピッタリとはまるサイズの風船を膨らませる様子を想像してみてください。もっと大きな箱を用意しなければ、それ以上膨らませられませんよね。そこで、一定の大きさに達すると、真皮細胞は、クチクラの内側に新しいクチクラを作ります。古いクチクラを脱ぎ捨て、もっと大きくなること。これが、「脱皮」です。

完全変態の昆虫も、不完全変態の昆虫も、無変態の昆虫も全て、この「脱皮」を繰り返すことによって大きくなります。脱皮の回数は昆虫によって様々で、例えば、カブトムシはサナギになるまで2回の脱皮を行い、体重が1000倍になるほどの成長を遂げます。不完全変態のカマキリは種類や性別によっても脱皮の回数が異なるのですが、6

〜8回ほどの脱皮を経て成虫になります。

昆虫の世界では脱皮の回数によって、どの段階の幼虫かを呼び分けています。卵から孵った直後の幼虫を1齢幼虫と呼びます。1回目の脱皮後の幼虫を2齢幼虫と呼び、回数を重ねるごとに「○齢」の数字が大きくなっていきます。成虫かサナギになる直前の幼虫は終齢幼虫と呼びます。「羽化」というのは、成虫になるときの脱皮のことです。

ちなみに、同じ外骨格のエビやカニの多くは、成体になっても、一生脱皮を続けるのですが、昆虫は、一部の例外を除いては、成虫になってからは一切脱皮を行いません。

体の機能が変わる脱皮＝変態

さて、脱皮と変態の違いですが、結論から言えば、変態は脱皮の一種です。脱皮の中でも特に、体の機能を変える脱皮のことを変態というのです。通常の脱皮でも、見た目が大きく変化する昆虫はいますが、機能が変わっているわけではないので、変態ではなく、脱皮といいます。

例えば、ナミアゲハの幼虫は、若齢幼虫のうちは鳥のフンのような地味な見た目をしていますが、終齢幼虫では、緑色に目玉模様の派手な見た目になります。それでも、体の機能自体は変わっていないのです。機能の変化とは、昆虫の場合、翅の獲得や、幼虫のときと違うものを食べることができる消化器の変化、生殖能力の成熟です。どれほど成虫と同じような姿や大きさをしていても、幼虫には生殖能力がないのですが、最終脱皮が終わると生殖能力を備えるようになるのは、全ての変態に共通する大きな特徴です。

幼虫と成虫の姿が似ていることが多い不完全変態の昆虫は、どこまでが普通の脱皮でどこからが変態の脱皮かわかりづらいのですが、見分けるポイントは、翅です。バッタやカマキリは、幼虫のときから未熟な翅を備えていますが、最後の脱皮の後には、お尻がすっぽり隠れる長さの完全な翅を獲得します。セミやトンボは、完全変態の昆虫に劣らないほど立派な翅をもちます。翅を獲得することで、移動できる距離が飛躍的に延びます。幼虫時代は、親が卵を産みつけた場所の近くで食べることと成長することを繰り返していきますが、成虫になると色々なところに行けるようになるのです。

翅を獲得しても、移動に利用しない昆虫もいます。童謡「虫のこえ」に登場する昆虫の過半数は、成虫になっても翅を使って飛ぶことがほとんどありません。それでは、マツムシやスズムシ、コオロギは翅を獲得する意味はなかったのでしょうか？　彼らは、全く別の用途で、翅を役立てています。

彼らの美しい鳴き声は、人間のように声帯や舌を使うのではなく、翅の裏側のギザギザと翅の表側を擦り合わせて、弦楽器を演奏するように出しているのです。この鳴き声によって、オスは、遠くにいるメスの関心を引きつけます。そのため、鳴くのはオスだけです。ハワイのオアフ島とカウアイ島に生息するコオロギは、鳴き声でメスだけでなく、寄生バエを引きつけてしまったため、わずか5年ほどの間に鳴かないコオロギへと進化しました。では、どうやって、オスとメスは出会うのでしょう。なんとも一時的な解決策に思えますが、鳴かなくなったオスたちは、まだ鳴く能力をもっているわずかなオスの近くに集まって、そこに寄ってくるメスを待つことにしたのです。

昆虫には通常、4枚の翅があるのですが、スズムシを観察してみると、どこを探しても、翅が2枚しかないことに驚くでしょう。天敵に襲われたのでしょうか？　それとも、退化して目に見えないのでしょうか？

答えは、スズムシが自ら後ろの翅を落としているのです。変態したばかりのスズムシには、ちゃんと4枚の翅があり、上手ではないですが、飛ぶこともできます。でも、スズムシは、飛び回ってメスを探すより、綺麗な声で鳴いてメスに見つけてもらう方が性に合っていたのでしょう。

　不完全変態以上に変態したことがわかりづらいのが無変態の昆虫です。幼虫と成虫の姿にほとんど違いがなく、生殖器以外で区別することは困難です。今では、かなり少数派の変わり者に見える無変態の昆虫は、より原始的な特徴を備えているといえます。つまり、昆虫は無変態から、その歴史をスタートさせたのです。先ほど述べた、成虫になってからも脱皮する一部の例外は、この無変態の昆虫たちです。彼らには翅もありません。昆虫の成長には脱皮が必要不可欠ですが、翅という複雑な構造を手に入れるためには、脱皮を終わらせる必要があったのです。一世一代の最後の脱皮、それが変態なのです。

変態の謎を解く——「死への羽ばたき」実験

変態の謎を解き明かした、ショッキングすぎる実験

古今東西、多くの人々が変態の不思議に魅せられ、その謎に迫ろうとしてきました。その中でも印象的な研究を数多く残したのが、アメリカの昆虫学者であるカロール・ウィリアムズ（Carroll Williams）博士です。生物の教科書で見たことがあるという人もいるかもしれませんが、気になってすぐに検索するのは、あまりおすすめしません。昆虫が嫌いな人にとっても、昆虫が好きな人にとってもなかなか、ショッキングな画像が並びますので、まず、文章での説明を読んで、見たいか否かを考えてみてください。

ウィリアムズ博士は、セクロピアサンというヤママユガ科に属する大型のガを使って、いくつもの昆虫の変態の謎を解き明かしました。ウィリアムズ博士は、サナギが傷つい

た場合にどのように変態に影響するかを調べるために次のような4つのサナギを用意しました。

①何も手を加えないサナギ
②前後で2つに切り分け、その断面をプラスチックで覆ったサナギ
③前後で2つに切り分け、その間にチューブを通したサナギ
④前後で2つに切り分け、その間に可動式のボールの入ったチューブを通したサナギ

①のサナギはもちろん、通常通りのガに変態し、②のサナギは、前部だけがガ

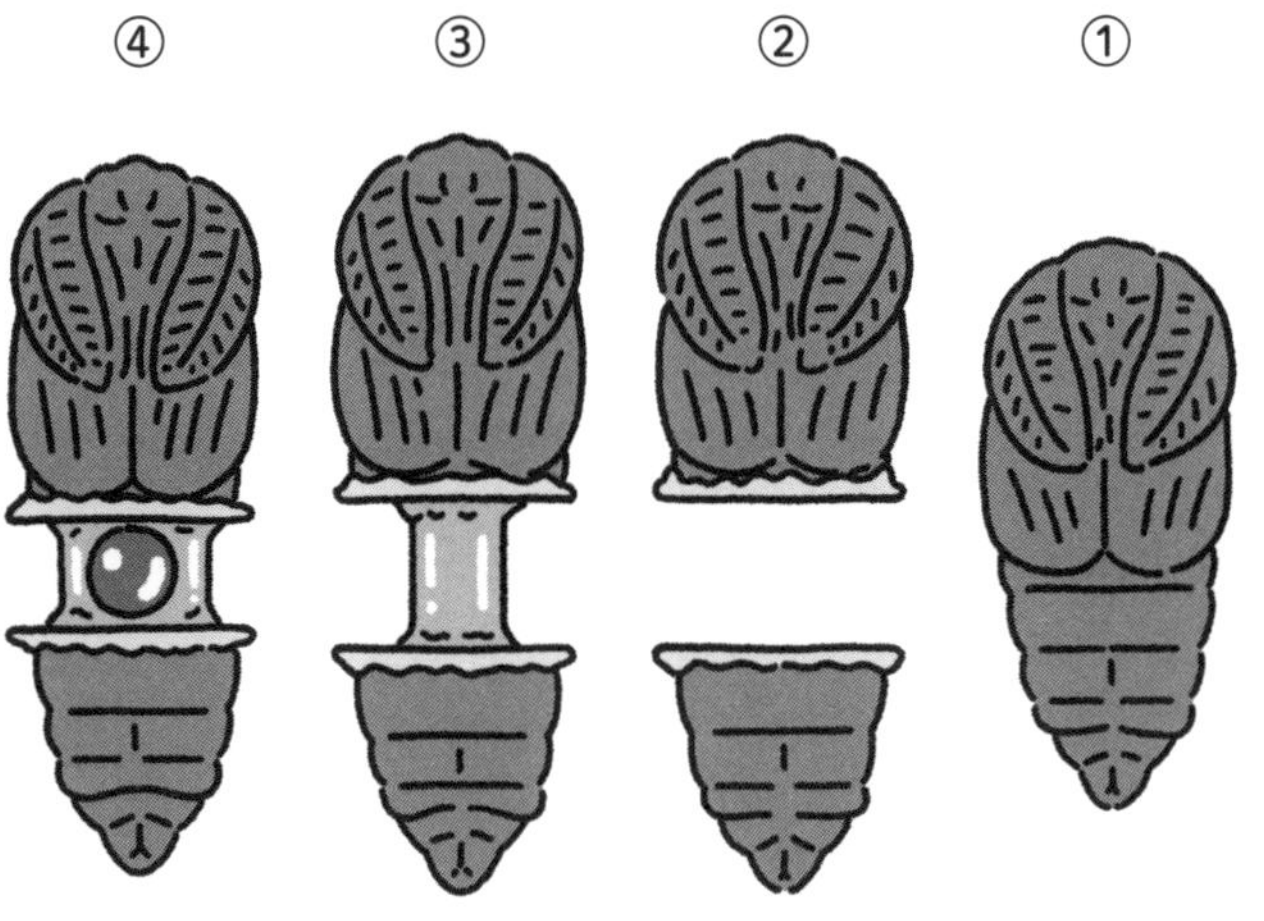

に変態し、後部は、サナギのままでした。③はチューブでつながれたまま、前部も後部もガに変態し、④は前部も後部もサナギのままでした。この結果から、ウィリアムズ博士は、サナギの傷は、変態する前に回復したに違いないと考えました。そして、③のガが飛び立とうとしたとき、チューブが壊れ、ガは絶命したことから、この衝撃的な実験は、「死への羽ばたき」と呼ばれています。

写真のインパクトが強いことから、残酷な実験だと思われることも多い「死への羽ばたき」ですが、私は、この実験を見るたびに幼少期の苦い記憶を思い出します。オオゴマダラという大型のチョウのサナギを育てていたときのことです。私の不注意で2つのサナギに衝撃を与えてしまい、それぞれ亀裂が入ってしまいました。サナギの中身がこぼれ落ちてしまうと思った私は、咄嗟に絆創膏を貼ったのですが、1枚しかなかったため、1つのサナギにしか手当をすることができませんでした。しばらくして、1つのサナギからは成虫が羽化しましたが、1つのサナギは脱皮に失敗し、死んでしまいました。無事に羽化したのは、私が絆創膏を貼らなかった方のサナギでした。絆創膏の拘束力が強すぎてサナギの皮を脱ぎ捨てることができなかったのです。幼い私が、この実験を知っていれば、無用な手出しをせずに、2匹のチョウを羽化させることができたかもしれません。もちろん、素人がこの実験を再現しようとしても思った通りにはいきません。ウィリアムズ博士は、二酸化炭素で麻酔をかけながら、損傷を最小限に外科手術を行う手法を確立した人であったからこそ残せた研究なのです。

他にも、ウィリアムズ博士は画期的な研究をたくさん残しています。ウィリアムズ博士は、脳の移植実験を行い、脳から分泌されるホルモンが昆虫の変態を引き起こすことを示しました。

変態の謎の歴史を動かした日本人・福田宗一

ところが、ウィリアムズ博士の初期の結論には、まだ足りない部分がありました。ウィリアムズ博士の出した、「脳から分泌されるホルモンが昆虫の休眠覚醒に必要である」という結論は間違ってはいないのですが、サナギ休眠の覚醒は脳から出るホルモンが直接作用していると考えられていたのです。現在、教科書で学ぶ一般的な、サナギが成虫になる過程のホルモンの作用様式は次のようなものです。脳ホルモン（ＰＴＴＨ）が前胸腺から出るホルモン（エクジソン）の分泌を促進し、前胸腺ホルモンが皮膚などの細胞に直接作用することで成虫の新たな体を作り出すというものです。この機構を解き明かすことになるのは、ウィリアムズ博士その人ですが、この時点では、前胸腺の存在を知らなかったのです。

実は、驚くべきことにウィリアムズ博士に先駆けて、第2次世界大戦の最中の日本で前胸腺の存在が知られていました。日本人の昆虫学者、福田宗一がカイコを使った実験で、脱皮を直接誘導するホルモンは、前胸腺と呼ばれる一対の器官から分泌されることを証明しました。ちなみに福田宗一の前にも室賀兵左衛門という昆虫学者が同じくカイコを用いて、前胸部に蛹化ホルモンがあることを突き止めています。これらの研究は、戦後に欧米で紹介され、高い評価を得ました。

ウィリアムズ博士や福田宗一が生きた1900年代前半は、まさに昆虫の変態の謎が一気に解き明かされ、歴史が変わった時代といえます。1922年にはポーランドの学者コペッツ（Kopec）が、昆虫の脱皮が脳から出る物質に支配されていることを示唆したことから、その激動の30年が始まります。1934年にイギリスの学者ウィグルスワース（Wigglesworth）が不完全変態のオオサシガメを使った実験で、変態を誘導する物質は脳ではなく、脳の後方に位置する昆虫特有の器官であるアラタ体から分泌されることを示しますが、その7年後にこの説を、アラタ体は抑制ホルモンを分泌し、変態は脳のホルモンによって誘導されると改めました。同時代のフランスの学者ブニョール（Bounhiol）は、完全変態のカイコを用いて、アラタ体が変態を抑制する物質を放出していることを証明するとともに、脱皮を引き起こす物質は前胸部から分泌される可能性を示しました。

戦争が終わった1947年6月、パリで国際節足動物内分泌学会が開催されましたが、この科学者たちが全員揃うことは叶いませんでした。コペッツは、その6年前にポーランドで殺害されていました。そして、福田宗一には、パリはあまりに遠かったのです。それでも、福田宗一の発見した前胸腺は、この会議での中心的な話題の1つとなり、変態の謎の歴史を大きく動かしたのです。

変態は小さな死からできている

小さな死を通して生まれ変わる

変態は小さな死でできています。正確に言えば、私たちの体も小さな死によって形作られたといえるでしょう。私たちの体は約37兆個の細胞でできています。そして、毎日3000億個の新たな細胞が生まれ、それと同じ数の細胞が死に、新しい細胞に置き換わることで、バランスを保っています。毎日元気に活動している自分の体のどこかが毎日3000億個も死んでいるなんて信じられないですよね。どう見ても、私たちは生きています。でも、小さな死を目にしたことはあるはずです。

例えば、体を擦ると出てくる垢。垢は役目を果たして死んでしまった表皮細胞と皮脂や汗といった分泌物が混ざってできたものです。同じく綺麗な話ではありませんが、うんちは何でできていると思いますか？　まず、80％が水分です。残りの3分の1が食べたものの残りカスで、あとの3分の1が腸内細菌。そして残りの3分の1は、やっぱり役目を果たした腸の細胞です。人間の肌の細胞が入れ替わるのにかかる月日は約1ヶ月、腸の細胞の場合は、約2〜3日といわれています。この入れ替わりを可能にしているのが、「アポトーシス」や「オートファジー細胞死」と呼ばれる細胞の死です。

細胞死は、大きく2つに分類すると「アポトーシス」と「ネクローシス」に分けられます。

アポトーシスは、「プログラム細胞死」と呼ばれる、個体をよりよい状態に保つために細胞に運命づけられた死です。オタマジャクシの尻尾がカエルになるときになくなるのも、胎児初期には、水かきのある人間の手が5本の指に分かれるのも、このアポトーシスの働きによるものです。これに対して、「ネクローシス」は、物理的な外傷や化学的な損傷、病原菌といった要因によって引き起こされる死です。「オートファジー細胞死」は、細胞内で不要になった自己成分を細胞が自ら除去する機能によって引き起こされる細胞死で2004年に東京医科歯科大学の清水重臣教授の研究グループによって発表されました。

昆虫の体も私たちの体と同じように細胞が集まってできたものです。昆虫の完全変態には、細胞死が深く関わっています。完全変態は、2つの時期に分けて考えることができます。1つは、幼虫からサナギになるとき、もう1つはサナギから成虫になるときです。幼虫の体をスクラップして、成虫の体をビルドする、その中継地点として、サナギが存在します。完全変態の昆虫の多くは、幼虫と成虫では、食べるものも違えば、動き方も変わるので、不必要になったものをなくし、必要なものを獲得する必要があるのです。口器や消化器をはじめとする幼虫の組織のほとんどは、変態するときに崩壊するか、再構築されるのです。

プログラムされた死が生み出す変化の世界

カイコは、変態のときに絹糸腺を失います。絹糸腺とは、名前の通り、繭を作るための絹糸になる分泌物を作り出す部分です。サナギになる直前のカイコの絹糸腺は、体重の約40~50%を占めるほど大きくなります。成虫は、絹糸を吐かないので、絹糸腺は必要ありません。脱皮ホルモンであるエクジソンによって、まずオートファジー細胞死が、続いてアポトーシスが誘導され、絹糸腺とそれ以外の部分を隔てていた膜が壊され、分解されてなくなっていくのです。

昔から、養蚕の現場では、十分に成熟していながら、絹糸を吐かず、ウロウロと彷徨ってサナギや成虫になることなく死んでいくカイコを「ごろつき」「不結繭蚕《ふけつけんさん》」と呼んでいたのですが、この現象にもエクジソンと絹糸腺が関係しています。カイコの病気や大幅な気温の変化などに起因して出現するといわれています。なんらかの異変によって絹糸を吐き出すことができず、体内に多く溜め込んだままになってしまうと、絹タンパクが絹糸腺を破って体内に流れ出してしまうのです。このようなカイコでは、エクジソンの濃度のピークが正常なカイコと比較して低く、さらに遅れていることがわかっています。

チョウやガの美しい翅の形を作っているのもアポトーシスです。アゲハチョウの後ろ翅の、ギザギザと波打つような独特な形状は、アポトーシスによって周囲の細胞が死んでなくなることによって作られています。初期の胎児の丸い手から水かきがなくなって指になる様子に少し似ていますね。

ちなみに、チョウやガの翅に美しい色をつけているのは、鱗粉《りんぷん》と呼ばれる鱗のような粉で、チョウの翅の表面の毛が変化してできたものです。チョウやガは鱗翅目《りんしもく》と呼ばれるグループで、この名前はこの鱗粉のついた翅に由来しています。例外として、羽化してすぐに自ら鱗粉を振るい落としてしまうオオスカシバのようなガも存在しますが、多くの鱗翅目にとってはとても重要な存在です。鱗粉は、屋根の瓦のようにぴったり並んで翅を雨や風から守る役割や、擬態の役割、同種同士の識別を容易にする役割をもっています。また、最初に鱗翅目が鱗粉を獲得したのは、保温機能が目的であったと考えられています。

このように、非常にバリエーション豊かで大事な役割をもっている鱗粉ですが、この鱗粉も死んだ細胞です。鱗粉の色は、モルフォチョウに代表される光の屈折を利用した構造色によるものと、アゲハチョウやモンシロチョウに代表される色素によるものがありますが、色素は、幼虫時代の体内の老廃物（主に尿酸）からできていると考えられています。尿酸といえば、「プリン体」という物質が体内で分解されてできる老廃物で、動物の中でも特に人間をはじめとする一部の霊長類で蓄積しやすく、痛風という病気の原因となる物質です。プリン体の多い食べものが大好きな上に尿酸が排泄される腎臓がよくない私は、いつこの人間の宿命たる病気と人生を共にすることになるのか気が気でありません。サナギの中で大規模な身体の再構築を行う完全変態の昆虫を、大変そうだなと思っていたのですが、尿酸を役に立つ美しいものに変えることができるという一点だけでも羨ましくて仕方ない、と最近、考えを改めました。

変態の危険を減らす昆虫たちの知恵

捕食、病原菌・カビ、天候の変化……危険だらけの自然界

変態に限らず、脱皮の直後というのは、とても繊細です。

読者の中には、ソフトシェルクラブやソフトシェルシュリンプというものを食べたことがある人がいるかもしれません。これらは、脱皮した直後のまだ殻が柔らかいカニやエビのことです。カニやエビは美味しいけれど、殻剥きがどうにも面倒だと感じる人で

も、ソフトシェルクラブやソフトシェルシュリンプであれば、思う存分、カニやエビを食べることができます。何しろ、殻ごと食べられるほど柔らかいのです。有名なソフトシェルクラブに「ズボガニ」と呼ばれるものがあります。これは脱皮したてのズワイガニのことで、「ズボッ」と身が簡単に抜けることから「ズボガニ」と呼ばれるようになりました。捕食者である人間がありがたがっているということは、カニやエビにとっては危機的なタイミングです。

昆虫は、カニやエビにくらべると人間に捕食される機会は少ないですが、脱皮直後の柔らかくて食べやすい昆虫に喜んで食らいつく生き物はたくさんいます。脱皮直後はただ食べやすいだけではなく、身動きもとりづらいので、鳥や肉食の昆虫、両生類、爬虫類といった捕食者からすれば、まな板の上の鯉も同然。

危険なのは捕食者ばかりではありません。病原菌やカビも危険ですし、天候や環境の変化も心配の種です。そして、脱皮そのものにも命の危険が伴います。

サナギの終わりと始まりは、必ず脱皮です。幼虫から脱皮して、サナギになり、サナギから成虫になるときも脱皮します。おまけに、脱皮の中でも最も壮絶な身体変化が行われます。ですので、変態には、安全な場所が必要なのです。この安全な場所は、「繭」

と呼ばれる構造物だったり、「蛹室《ようしつ》」と呼ばれる部屋だったり、あるいはその両方だったりします。

蛹室、繭……変態のための特別な場所

全ての完全変態の昆虫が、変態のための特別な場所をもつわけではありません。アゲハチョウやモンシロチョウのように、支えとなる枝や葉に、糸でサナギをくくりつけたような、「裸一貫」といった感じの潔い変態をするものもいます。

カブトムシやクワガタは、それまで餌兼住居にしていた腐葉土や朽木の中に蛹室と呼ばれる体がすっぽりと収まるような、楕円形の空間を作って、その中で変態します。体から出す分泌液で周囲の土を固め、その中で脱皮してサナギになり、成虫になるまでの時間を過ごすのです。カブトムシやクワガタの幼虫を飼育するとき、成長に合わせて腐葉土や菌糸瓶といった餌を何度も取り替えます。あまり頻繁に幼虫を取り出してもよくないので、腐葉土や菌糸瓶を取り替えるタイミングは、貴重な観察の機会です。しかし、蛹室を作り始める頃になったら、なるべく触ったり振動を与えたりせず、そっとしてお

くのがよいでしょう。うっかり、この蛹室を壊してしまうと羽化不全の原因になります。万が一、壊してしまったとしても、そのカブトムシやクワガタを諦める必要はありません。今は、ウレタンでできた性能のよい人工蛹室が安価に売っています。トイレットペーパーの芯や生花用のオアシスを使って自分で人工蛹室を作る方法もあります。上手く羽化させるのはなかなか難しいのですが、挑戦してみるのもよい経験になると思います。この人工蛹室のよいところは、普段、観察するのが難しいカブトムシやクワガタの変態を最初から最後まで観察できるところです。この方法は、菌糸瓶にカビやキノコが生えてしまったり、幼虫が蛹室を作れずマットの上で前蛹《ぜんよう》になってしまったりといった、飼育中のトラブルの際にも効果的です。

蛹室を作る昆虫として有名なのは、前述のカブトムシやクワガタといった甲虫類ですが、イボタガやシモフリスズメのように地中でサナギになるガの仲間も同じように人工蛹室で変態を観察することができます。

繭とは、幼虫が粘着性のある繊維を吐き出して作る、サナギを保護するための覆いのようなものです。たまに、サナギになるか、繭になるかという分岐をすると勘違いをしている人を見かけますが、どちらかになるものではなく、繭の中でさらにサナギになっているのです。

繭を作る昆虫で最も有名なのは、カイコです。単に「繭」といったときには、カイコの繭を指します。しかし、他にも多様な繭を作り出す昆虫が存在します。

かつて、釣り糸（テグス）の原料になっていたクスサン、繊維のダイヤモンドとも称される質のよい緑色の糸で紡いだ繭を作るテンサン、インドシルクとして現在も愛されているタサールサンやエリサン。これらは、ワイルドシルク（野蚕）と呼ばれるカイコに近いガの仲間です。インドネシアのジャワ島には、クリキュラという希少な野蚕がいて、黄金の糸を紡ぎ、黄金の繭を作ります。まるでおとぎ話のような話ですが、実在の昆虫です。

自ら吐いた糸だけでなく、砂利や木の葉をつなぎ合わせた繭を作るものもいます。例えば、オオミノガのミノも繭の仲間です。オオスカシバは、地中で土の繭を作って変態します。糸の部分だけで考えるとカイコのように糸を何重にも重ねた分厚い繭ではありませんが、砂利をたっぷり使っているので、泥団子のような頑丈さがあります。

重要な変態の時期を過ごす繭には昆虫たちの個性が輝いています。その中でも、最も衝撃的な繭は、キノコバエの幼虫が作り出す、非常に手軽に調達できるアレを材料にしたものじゃないかなと思うのですが、その正体は後半でまたお話ししましょう。

サナギの中で起きていること

サナギの中身はドロドロスープ?

サナギは不思議な存在です。私たち人間には存在しない成長の段階だから不思議に思うのかもしれません。もちろん、わずかな期間にあんなにも大きな変化をもたらすのも、不思議です。そして、一体、中で何が起きているのかわからないという神秘性も、サナギの不思議さを支える、重要な要素だと思います。

食べもせず、大抵の場合、移動もしない、無機質な形状のサナギは、イモムシを入れると軽やかなチョウが出てくる、手品のボックスのようにも思われます。

しかし、サナギは生き物です。かつてはサナギの中身はドロドロに溶けたスープのような状態だと考えられていましたが、現在は否定されています。幼虫がいきなりスープになってしまうのでも、スープの中から急に成虫が現れるのでもありません。だからといって、幼虫からサナギになった瞬間、殻の内側で、成虫の姿がぎゅっと縮こまっているわけでもありません。

サナギの中で起きている変化は、硬い殻に阻まれて直接見ることができません。心臓の拍動まで見えるような透き通った体をした、中南米に生息するグラスフロッグというカエルのように透明なサナギはないものでしょうか。

今のところ、私はそういった昆虫の存在を知りません。とはいえ、毎年数千種の昆虫の新種が報告されているので、いつかは出会う日が来るかもしれません。

ゼリー菓子のようにプルプルと透き通ったジュエルキャタピラーもサナギになる前には、色が濃くなって、透明感こそありますが、中で何が起こっているのかをつぶさに観察できるような見た目ではなくなってしまいます。

では、未だにサナギの中は謎に包まれたままなのでしょうか？

前項で紹介した、ウィリアムズ博士をはじめとする、サナギの不思議に魅せられた多くの人々によって、サナギの中で何が起きているのかについて、色んなことがわかりつつあります。最初は、サナギの解剖から始まります。無理矢理中身を覗かれたサナギは死んでしまうので、解剖する日にちを少しずつずらしたサナギの中身を調べて、順番に並べることで、どんな風に成虫の体が作られていくのかを観察していきました。しかし、この方法では、完璧ではありません。

近年、MRIやマイクロCTといった、科学技術の進歩に伴って、サナギの中で何が起こっているのかというミステリーはグッと解明に近づいてきました。サナギの中では、成虫の体が少しずつ形成されています。一口にサナギといっても、蛹化したばかりのサナギは不安定で脆く、羽化が近いサナギは、殻の下にほとんど完璧にできあがった成虫の体を隠しているのです。

モンシロチョウのサナギの1週間

では、サナギは、どのようにして、成虫の体を作り上げていくのでしょうか？

サナギになった当日のモンシロチョウのサナギ内部のＣＴ画像を見ると、腸と筋肉、そして小さな脳が確認できます。それらの臓器を脂肪体と呼ばれる、脂肪を貯蔵する部分が取り囲んでいるのです。脂肪は成虫の体を作るためのエネルギー源となります。２０２３年には、東海大学の大学院生によって、崩壊した幼虫組織が体液となり、消化管を膨満させるように蓄積されて体液溜めを形成することを突き止めた論文も発表されました。幼虫は、体の組織を崩壊させることでサナギになりますが、完全なドロドロのスープに溶けてしまったわけではなく、いくつかの臓器を残しているのです。

３日目になると、脳がグッと成長し、大きくなっているのがわかります。幼虫の頃は、ただキャベツを黙々と食べ続ければよかったモンシロチョウも、成虫になると、移動距離が延び、やることも増えるため、その分、脳を発達させる必要があるのでしょう。この頃には、脚や口器、そして、飛ぶための筋肉である飛翔筋が出現します。完全変態を経ても、翅を獲得しない昆虫も存在しますが、やはり、翅の出現は、変態の一番の見どころです。最初に説明した通り、脱皮の中でも変態が特別な存在であるのは、移動能力（翅）と生殖能力の獲得にあります。

３日目に現れた飛翔筋は、ぐんぐんと成長を続け、６日目には、胸部を埋め尽くすほど巨大になります。この頃には、翅も出現します。最後にできあがるのは内臓です。必要な臓器が全て揃い、成虫の体ができあがるのは、羽化の前日です。

もし、人間が自らの力だけで羽ばたいて空を飛ぼうとしたら、厚さ2mの胸筋をつけなければいけないという話を聞いたことがあります。飛ぶという行為には、それほどの筋肉が必要なのです。昆虫と同じく空を飛べる動物である鳥は、体重の15〜25%が翼を動かすための筋肉だといわれています。体重の軽い昆虫であっても、飛ぶためには飛翔筋の発達が欠かせないのです。

ちなみに、羽化したときには翅があり、交尾を終えるまでの間は、その翅で飛び回る女王アリは、最初の子育てが始まるときに地上生活に合わせて翅を切り取ってしまいます。翅がなくなると、飛翔筋もお役御免となるので、女王アリはこの飛翔筋を分解して吐き戻し、生まれてきた幼虫たちに餌として与えます。まだ働きアリのいない最初の子育ては、片時も幼虫から目を離せない、女王アリのワンオペ育児です。どこにも餌を探しに行かずに幼虫たちを育てられるこの方法は非常に効率的なのです。

このようにして、サナギの中では、成虫の体が目まぐるしいスピードで、段階的に作り上げられ、最後の脱皮である羽化が始まるのです。

99%の昆虫が翅をもつ

鳥の1億5000万年前から飛んでいた

鳥類やコウモリの翼と同じように飛行のために用いられる昆虫類の翅。「羽」や「羽根」という表記の方が馴染み深いような気がしますが、生物学の用語では、昆虫類のはねは、「翅」と表記します。変態と翅は切っても切り離せない関係です。

現生する昆虫の99%は、翅をもつ有翅《ゆうし》昆虫です。最初は、シミのような翅のない昆虫から始まりました。翅をもたない昆虫は他にも存在していますが、これらの昆虫の多くは、翅を獲得していないのではなく、翅が退化した昆虫です。無翅の昆虫の登場は、約4億8000万年前に遡ると考えられています。そして、有翅昆虫の登場は、4億年前以上と推定されています。さらに、昆虫が完全変態を獲得したのは、約3億年前だと考えられています。

既に絶滅した翼竜が出現したのは、2億2000万年前、鳥類の出現はそれより後の約1億5000万年前なので、昆虫は、空の大先輩と言えます。ちなみに、最古のコウモリ化石は、5460万年前のものです。

空を飛ぶ動物としては、他にもモモンガやムササビ、ヒヨケザル、爬虫類だとトビトカゲやトビヘビ、それに魚類のトビウオなども思い浮かぶかもしれませんが、これらの動物は、鳥類やコウモリ、それに昆虫の飛び方とは違います。彼らが行うのは、「滑空」です。滑空とは、グライダーや紙飛行機のように、高いところから落ちる力を利用する飛び方です。

鳥類やコウモリ、昆虫は、自らの翼で羽ばたいて空を飛ぶことができます。似たようなメカニズムで空を飛ぶ乗り物は思いつきませんが、元の地点より高い場所に行けるという点において、飛行機やヘリコプターが近いかもしれません。

飛ぶことによって、遠くまで餌を探しに行ったり、遠くに住む異性と子孫を残したり、生活の場を広げることができます。

飛行機やヘリコプターといった乗り物が発明されたことで、人類は今まで行くことができなかった遠い場所まで行けるようになり、移動時間もグッと短縮されました。

私は、トランジットの時間も含めて、日本から27時間かかるガイアナという南米の国のジョージタウンという首都から、さらに1時間セスナ機に乗って巨大な奇岩が点在するジャングルに行ったことがあります。距離にすると1万5000kmくらいの距離になります。飛行機で座っているだけなのに、かなりヘトヘトに疲れたのを覚えています。

キョクアジサシという鳥は、30年という寿命の中で、自らの翼で合計200万kmの距離を移動することがわかっています。これは、地球から月までを3、4往復するほどの距離です。

鳥よりもずっと小さな昆虫にも、想像を絶する長距離移動を行うものがいます。北米に生息するオオカバマダラという鮮やかな蒲色の翅をもつチョウです。毎年、温暖なアメリカ南部やメキシコで集団越冬を行うために、冬が到来する前に生息地である北米を飛び立って、長い長い空の旅をします。なんと、その距離は、5000km、1日におよそ300kmを飛行します。オオカバマダラにもキョクアジサシと同じだけの寿命があれば、もっと遠くに行けたかもしれませんが、オオカバマダラの寿命は、1ヶ月から10ヶ月程度です。オオカバマダラは、1世代で北米からメキシコまで移動し、その後、数世代かけて再び北米に戻ってくるのです。北米からメキシコまで移動する世代が8～10ヶ月ほど生き、冬を越して春になると北上を始め、メキシコ北部からアメリカ南部で産卵します。ここで生まれた世代がさらに北上し、途中で産卵して世代交代することを2～3回繰り返して元々住んでいた場所まで戻ってくるのです。不思議なことに再び、メキシコに南下する際には、先祖がかつて旅したのと同じルートを辿るそうです。

「どうやって翅ができたか」という謎

飛び方は同じでも、鳥類やコウモリといった脊椎動物の翼と昆虫の翅は成り立ちが全く違います。脊椎動物の翼は、人間でいう腕に当たります。

19世紀末から今日に至るまでの長い間、昆虫の翅がどのようにしてできたのかについて議論され続けてきました。この議論に光が見えてきたのは、ごく最近のことで、特に2010年代以降、めざましい進展を見せています。進化の過程を示す化石が見つからなかったこともあり、なかなか議論に決着がつかなかったのですが、遺伝子という概念が加わったことにより、状況が動き出します。

これまで有力視されていたのは、「エラ起源説」と「側背板起源説」という2つの仮説です。エラ起源説は、水生昆虫のもつエラが発達して翅になったという考え方で、側背板起源説は、昆虫の背側と側方部を構成する部分が発達して翅になったという考え方です。エラ起源説は、肢起源説と表記されることもあります。どちらの説にも妥当な部分と説明のつかない部分があり、混迷をきわめていましたが、近年の分子発生学的研究によって、そのどちらの要素も併せもつ「二元起源説」が提唱されました。そして、2017年に筑波大学と福島大学の研究チームが発表した、コオロギをモデル生物として電子顕微鏡を用いた研究によって「二元起源説」は、強固に裏付けられることとなりました。

しかし、2022年には、京都大学と徳島大学、基礎生物学研究所の研究チームが同じく、コオロギをモデル生物として用いた実験を行って、コオロギの翅は、背中の一部が発達してできたとする背板起源説を支持する論文を発表しています。この研究では、ゲノム編集や外科手術といった手法が駆使されました。この他にも、無翅昆虫であるイシノミや完全変態の昆虫であるキイロショウジョウバエをモデル生物とした研究も行われており、今日もまだ答えを探し求める人々が世界中で研究を続けています。

あと一歩で全ての謎が解き明かされそうで、まだまだ答えは出ていない歯痒い状況ですが、その分、興味も惹かれます。

「なぜ、翅ができたのか」という問いには、「その方が分布が広がりやすかったから」という答えでおおよそよいと思います。続く、「どうやって、翅ができたのか」という問いも、私たちが生きている間に答えがわかるかもしれません。

幼虫は歩く消化管、成虫は飛ぶ生殖器

なんのために生きるのか？

変態の最大の役割ともいえるのが、目的のために肉体を変えることです。

「なんのために生まれて、何をして生きるのか」

子供に大人気のアニメ『それいけ！　アンパンマン』の主題歌「アンパンマンのマーチ」（詞・やなせたかし）の歌詞ですが、大人でもその答えを見つけることは困難ではないでしょうか。でも、もし、同じ言葉を話せるとしたら、人間よりも昆虫の方がすんなり答えを返してくれるかもしれません。

人間が、「なんのために生まれて、何をして生きるのか」について考え込んでしまう理由は、選択肢が多いせいでしょう。人間は、何をするにも迷う生き物です。

今日の昼ごはんは何を食べようか？　和食、パスタ、それともハンバーガー？　ハンバーガーならどこで？　自分で作る？　スーパーで買う？　マクドナルドにする？　それとも、モスバーガー？

カイコなら絶対に迷いません。今日も明日も明後日もクワを食べると決まっているからです。カイコよりは、選択肢の多い昆虫でもおそらく迷うことはないでしょう。カマキリは、今日はモンシロチョウを食べようか、それともイチモンジセセリにしようかと考えません。獲物を捕まえるチャンスが巡ってきたときに捕まえたものを食べます。

選択肢の多さだけではありません。記憶だけでなく、記録に残すことができるのも、人間の生き方に影響を与えていると思います。生物学的な遺伝子をジーン（gene）というのに対し、人間社会で受け継がれていく文化情報をミーム（meme）と呼びます。生物学者のリチャード・ドーキンスが著書『利己的な遺伝子』の中で提唱した言葉です。人間は、遺伝子以外に自分という存在を残す手段をたくさんもっています。

今、私のお腹の中には、私の生物学的な遺伝子を受け継いだ個体がいます。この原稿を執筆している時点では、どの情報が受け継がれているかわかりません。私のように硬くて太い髪の毛をもって生まれてくるかもしれませんし、鼻根の高い顔に生まれてくるかもしれません。目に見える形だけではなく、眩しい光を見るとくしゃみが出る性質が引き継がれている可能性もあります。これが遺伝子による継承です。

一方、私は、同時進行で、この本を書いています。この本には、変態の知識だけでなく、書いている私の考え方の癖も載っていると思います。知識という揺らぎのない情報を伝えるときでも、人が人に何かを伝える場合、その人の考え方の癖も一緒に受け渡されていくものです。それは、言い回しかもしれないし、情報の並べ方かもしれません。それを受け取った人が自分の中に保存してコピーしたとしましょう。もし、私がそれを見ることができたら、硬くて真っ直ぐな髪の毛よりも、私の情報が伝わった実感があるような気がします。日頃、そこまで考えて本を書いているわけではありませんが、私の「何をして生きるのか」の答えが、何かを書くことなのは、このような要素になんらかの影響を受けているのかもしれません。

もっとも、文化情報の継承は、人間だけの特権ではありません。カナリアのさえずり、ミーアキャットの狩り、マイコドリのダンス。これらも同じです。

昆虫がもつシンプルな目的

昆虫は、今のところ、文化情報の伝達や蓄積を行わないと考えられています。昆虫は、遺伝子を残すために生きているように思われます。かなりストイックに繁殖に重きを置いていて、成虫になると、口が退化し、すぐに死んでしまう種類や交尾をした瞬間にオスが死んでしまう種類まで存在します。ミツバチやアブラムシといった繁殖しない役割のカーストが存在する昆虫を除いて、ほとんどの昆虫は、繁殖するために成虫になるといっても過言ではありません。

完全変態では、消化器を作り替え、翅を手に入れることで「幼虫と別のものを食べられるようになる」「遠くの異性を探せる移動能力」を獲得することができます。有性生殖の場合、遠くの異性を探しに行けるというのは、単に生殖の機会を増やすことだけでなく、遺伝子の多様性を維持しやすいという大きなメリットがあります。なんらかの理由によって、遺伝的多様性の乏しい個体群の中でしか繁殖できないと、病気や害虫といったリスクに弱くなってしまう可能性が高まります。

「成虫は飛ぶ生殖器」という言葉は、完全変態によって分かれた、幼虫と成虫の役割分担を示しています。

幼虫と別のものを食べられるようになることのメリットは既に他の項で扱っていますが、繁殖することを最大の目的とする成虫が一番争いたくない相手は、幼虫です。もし、成虫になったモンシロチョウもむしゃむしゃとキャベツにかぶりついていたら、モンシロチョウが同じタイミングで生きられる数の上限は今よりも少なくなっていたかもしれません。完全変態が幼虫と成虫の餌を変えることで生活の場を分け、今日の昆虫の繁栄を支えたのです。

「幼虫は歩く消化器」という言葉は、幼虫が受けもつ「とにかくたくさん食べて大きくなる」という役割を示しています。昆虫は、成虫になるともうそれ以上大きくなることがありません。人間も大人になってから背が伸びることは稀ですが、骨が体内にあるので、何歳になっても運動をすれば筋肉が大きくなりますし、栄養が余れば脂肪となってその分、体が大きくなりますが、外骨格の昆虫は、幼虫のときに食べたものが成虫の体を決めるのです。成虫になると口が退化して餌を食べない昆虫は、幼虫のときに蓄えた栄養だけで成虫期間を乗り切ります。

幼虫は、孵化した瞬間から一心不乱に餌を食べ続けます。多くの昆虫が、餌の上か、餌がすぐ獲得できる場所で生まれるので、成虫ほど移動能力が必要ではありません。幼虫の体は、食べて歩き、食べて歩きを繰り返して成長する「歩く消化管」として、最も適している形なのです。

変態の謎①　幼虫と成虫は同じ虫？

イモムシがチョウになるフシギ

こんなにも成長と共に見た目の変わる昆虫は、果たして、幼虫と成虫で同じ虫といえるのでしょうか？

私たち人間も、赤ちゃん、子供、青年、老人と大きく見た目は変わります。どことなく面影は残るけれど、おじいちゃんおばあちゃんの姿から、赤ちゃんだった頃の姿を想像することはかなり難しいでしょう。昆虫の方が、かえって姿が変わる回数は少ないかもしれません。人間は、大人になってからも見た目が変わり続けます。

例えば、シワができたり、白髪が生えたり、腰が曲がったりします。個体差はあるけれど、相当に若く見えたとしても、70代を20代と見間違うことはあり得ないでしょう。

これは、人間のみならず、哺乳類の特徴といえます。私が今まで一緒に暮らした、ネズミもイヌも時間と共に姿を変えていきました。

しかし、昆虫は、成虫になった後、見た目が変わりませんでした。

金色の産毛に包まれたミヤマクワガタは、まだ羽化して間もない個体だなと予想できたり、翅が破れて、よたよたと飛ぶチョウがいれば、長く生きている個体なのかなと想像したりすることはできますが、見た目で成虫になってからの日数を知ることはほとんど困難です。

哺乳類が赤ちゃんから青年になって老人になる間、同じ個体であることが疑いようのない事実として受け入れられているのに対して、完全変態の昆虫は、幼虫と成虫で、元々は違う生き物だったのではないかと考える人までいます。突飛な印象を受ける考え方ですが、よく考えると無理もありません。

幼虫と成虫が同じ虫であることを知っている人でも、卵から幼虫が孵り、何度かの脱皮を経て、サナギになり、成虫へと変わっていく一部始終を観察したことがある人ばかりではないと思います。

それでも、モゾモゾとたくさん脚があるように見えるイモムシが、コロッとした動かないサナギになったかと思いきや、華奢な脚と大きな翅をもったチョウになる、この不思議を多くの人が受け入れているというのは、なかなか、すごいことではないでしょうか？

それに、外からもち帰ったチョウの幼虫を飼育していると、それなりに高い確率で、サナギから、ハチやハエといった、別の昆虫が出てくることがあります。

「寄生」という言葉を知っているから、この成虫は、少し前まで飼育していた幼虫とは別の虫であると理解することができますが、先人たちの教えのない世界で、何も知らない私がたった1人、この出来事に直面していたら、「イモムシは、サナギになり、サナギからは、チョウか、ハチか、ハエのどれかが出てくる」と考えたことでしょう。

つまり、皆さんが、いくつかの幼虫と、姿の全く異なる成虫を同じ個体として頭の中で結び付けられているということは、すごいことなのです。

同一のゲノムから異なる形質が生み出されている

哺乳類が毎日少しずつアナログ的に変化して見えるのに対して、昆虫の変化は、デジタル的に見えます。実際は、昆虫も少しずつ準備を進めて変化しているのですが、私たちの目には、脱皮ごとにパッパッと画面が切り替わるように変化して見えます。

チョウやガの幼虫を育てていると、蛹化や羽化といった、大きな形態の変化を伴うときでなくても、あるとき、突然見違えるように幼虫が大きくなって驚くことがあります。これが脱皮による変化の面白みです。

昆虫の変態という現象は、少なくとも、アリストテレスの時代から、認識されてきましたが、長い間、幼虫と成虫、そしてサナギが同一の個体であるという事実は、ひたすら観察によって得られた証拠によって説明されてきました。

そして、近年登場した、ゲノム解析という新しい技術が、変態の不思議に新たな味付けを加えます。現在進行形で続々と様々な昆虫種のゲノム解読が進められており、今までにキイロショウジョウバエ、ハマダラカ、カイコ、セイヨウミツバチ、オオスカシバといった昆虫の全ゲノムが解読されています。

そして、見た目の大きな変化や機能的な違いがあるにもかかわらず、完全変態の幼虫と成虫のゲノム（遺伝情報のセット）は同じであることが証明されたのです。

もちろん、全ての昆虫のゲノムが調べ尽くされたわけではないので、もしかしたら、例外も存在する可能性を否定することはできません。しかし、今のところは、幼虫と成虫は、ゲノムから考えても、同じ虫であるといえるでしょう。

では、なぜ、同じゲノムで、全く違う姿を表現できるのでしょうか？

ゲノムの中には、どの遺伝子を働かせるかを決めるスイッチの役割をもった遺伝子が存在しています。私たちの体も、たくさんの遺伝子を、これまた、たくさんのスイッチが制御することによって複雑に形作られています。

昆虫の場合、幼虫と成虫で、特定の遺伝子がスイッチによって切り替わり、遺伝子発現パターンが変化することによって、同じゲノムで全く違う姿を作り出すことができるのです。

幼虫と成虫は、同じ虫か？　という問いに対しては、観察やゲノム解析といった証拠をもって同じ虫であると証明することができます。

しかし、ゲノムが同じであれば、同じ個体であるといえるわけではありません。例えば、一卵性の双子のゲノムは基本的にはほとんど同じであるとされていますが、双子を同じ人物と見なしている人はいないでしょう。

それでは、「同じ」とは一体なんなのでしょうか？　そして、本当に幼虫と成虫は同じ虫といえるのでしょうか？　まだ見ぬ未来の技術やさらに新しい証拠が答えをもたらしてくれるかもしれません。全く見た目が異なる幼虫と成虫が同じ虫であるという事実も改めて考えてみると奥深いですね。

変態の謎② 記憶は引き継がれるか？

昆虫には記憶があるのか？

完全変態の昆虫が、幼虫から成虫になるとき、サナギの中では、大規模な肉体の再構築が行われます。多くの場合、生活する環境も、食べるものも大きく変わります。昆虫に対して適切な表現であるかわかりませんが、まるで「別人」のようです。そのような凄まじい変化の後でも、成虫は、幼虫時代の記憶をもち越すことができるのでしょうか？

そもそも、昆虫にもち越すような記憶があるのかどうかについて、お話ししましょう。昆虫の脳を作っている神経細胞は、昆虫の種類にもよりますが、わずか10万個から100万個程度です。「わずか」といっても、いまひとつ、想像がつきにくいかもしれません。それでは、これは一体どのくらいの数なのでしょうか？

私たち人間の脳の神経細胞は、大脳で約160億個、小脳で約690億個、脳全体でいうと約860億個だといわれています。人間の1日に死んでいく神経細胞の数が約10万個です。数字だけ見ると、人間と昆虫の脳は、かなり異なるものなのではないかという印象を受けます。

そのため、人間の脳と比較して考えることができるほどの機能があるのだろうかと疑問視する人もいました。しかし、近年、様々な研究によって、昆虫の小さな脳には、記憶力や学習能力をはじめとする、驚くべき能力があり、哺乳類の大きな脳によく似た働きをすることがわかってきました。

昆虫の記憶を司っているのは、脳の中の「キノコ体」という部位です。名前の通り、キノコのような形をしています。このキノコ体が、人間でいう海馬のような役割を果たし、場所や匂い、出来事などの記憶の成立に深く関わっています。

例えば、多くの昆虫が「場所の記憶」をもつことが報告されています。ミツバチは、ダンスで仲間に花の在りかを教え、ゴキブリは景色を見ることで、餌のある場所を記憶します。

変わった例だと、ショウジョウバエのオスのトラウマ記憶というのもあります。ショウジョウバエのメスは一度交尾すると、その後、求愛を拒否し、オスが忌避する匂い物質を出すという生態があるのですが、未交尾のオスのショウジョウバエにとって、これはストレスとなり、その後、求愛を拒否されない未交尾のメスと出会っても求愛しなくなるのです。このような現象は哺乳類でも確認されています。ちなみに、7時間、メスに拒否されたオスは、少なくとも5日間以上、この記憶を保持することがわかっているのですが、この7時間の後、48時間続けて暗闇の中で飼育されたショウジョウバエは、この記憶が消失したそうです。この研究は、トラウマ記憶の治療のために役立つのではないかと期待されています。

昆虫にも記憶が存在するという前提を共有した上で、再び、変態で記憶は失われるのか、それとも維持されるのかについて話を戻しましょう。

最新研究が迫る記憶の謎

かつて、昆虫は、サナギになるときに、幼虫だったときの体を全てドロドロのスープ状に溶かして、再構築すると広く考えられていました。

先ほどお話しした通り、最近では、全てドロドロになるという説は否定されています。一部の神経系や消化管といった組織は残りますし、一見ドロドロに見えても、細胞がリセットされて一から体が作り直されているわけではないのです。

とはいえ、幼虫の脳と成虫の脳は大きく変化します。幼虫期の脳は至ってシンプルです。成長のためにひたすら食べ続けるための脳です。

多くの場合、成虫になると、食べることがメインではなくなり、交尾のために異性を探したり、産卵のために飛んで広範囲を移動したりと幼虫期にくらべて、やるべきことが格段に増えます。

そのため、幼虫期に必要な機能に特化した脳を成虫期に必要な機能が備わった高度な脳に作り替える作業がサナギの中で行われているのです。

さて、ここまで引き伸ばして、大変恐縮なのですが、完全変態の昆虫が成虫になったとき、幼虫のときの記憶を保持しているのかについては、まだ明確な答えは出ていません。

でも、成虫が、全く違う生活をしていた幼虫だった頃の記憶をもち越せたら、便利なのではないでしょうか？

例えば、花の蜜を吸うようになったチョウは、それぞれ幼虫の頃に食べていた葉っぱ（食草）に卵を産むことができます。

これができる理由は、脚で味がわかるからです。ストロー状になった口で葉っぱを味わうことはできませんが、脚で触ることで、味がわかるのです。それぞれの食草に特有の化合物質の組み合わせを認識することで、産卵行動が促されるという仕組みなのです。この化学物質の情報をチョウはどうやって知るのでしょうか？

幼虫期の経験が成虫期の行動に影響を与えていることを示唆する研究結果はいくつも報告されています。このメカニズムは、まだ解明途中にあり、その1つの可能性として、記憶のもち越しが関与しているのではないかと考えられており、研究が進められています。

例えば、タバコスズメガを使った実験では、特定の匂いと結びつくように電気ショックを与え、特定の匂いを避けるように訓練された5齢幼虫が成虫になってからも、同じようにその匂いを忌避するという結果が報告されました。この結果は、幼虫のときに獲得した記憶が成虫になっても想起されるという可能性を裏付けるものであると考えられます。

また、どの段階の幼虫の連想記憶も維持されるわけではないということもわかっています。

3齢幼虫のときに特定の匂いを避けるように訓練された個体は、5齢幼虫になっても、その匂いを忌避したものの、成虫になったときには、忌避行動はなくなっていたそうです。

果たして、幼虫の記憶は、成虫に引き継がれているのでしょうか？　引き継がれているのだとしたら、それはどのような役割をもっているのでしょうか？

変態の謎③ サナギはコミュニケーションをとるのか？

実は、生き生きと暮らしているサナギ

翅も脚もないサナギは、幼虫や成虫にくらべて、生き物という実感をもちにくいでしょう。

チョウは、様々な時代、国や地域において、生と死と復活のシンボルと考えられてきました。人々は、一度サナギになって動かなくなってから、翅を得て飛び回るイメージに復活を重ねて見たのです。仏教では、体から抜け出した魂を極楽浄土に運んでくれる存在として神聖視されています。

つまり、人間は、サナギに「死」を感じてきたのです。

しかし、実際のところ、サナギは、呼吸もしているし、イメージよりもよく動いてい

ます。そして、何より、内部では劇的な変化が起きています。モリモリと餌を食《は》む幼虫や、悠々と飛び回る成虫に負けず劣らず、サナギは生き生きと暮らしているのです。

では、サナギは、何かを考えたり、思ったりしているのかというと、それを知るのはまだ難しいところです。

「一寸の虫にも五分の魂」ということわざこそ、昔から存在していますが、昆虫は所詮、昆虫であって私たちとはまるきり違う生き物であると考えられていた歴史が長いため、今まで昆虫の心については、あまり関心をもたれてきませんでした。サナギどころか、幼虫や成虫の思考や心についてすら、まだまだわかっていないことだらけで、成長途上な分野なのです。

私、個人的には、サナギという状態は、何かを考えたり、心を整理したりするにはうってつけに思えるのですが、実際になってみたら、体内の変化に忙しすぎてそれどころではないかもしれませんね。

カブトムシの幼虫とサナギはコミュニケーションをとっている

まだまだ未知に満ち溢れているサナギですが、まるっきり、外界と隔絶されているわけではないということがわかってきました。実は、外にいる誰かに対して、信号を送ってコミュニケーションを行うことがわかっています。

カブトムシのサナギは幼虫に対して、振動で居場所をアピールして、身を守っていることが東京大学の研究グループによって明らかにされました。

元々、一部の昆虫のサナギが、振動したり、音を出したりすることは知られていたのですが、この音や振動がなんのために出されているのかは、ほとんどわかっていませんでした。

カブトムシの幼虫とサナギは同じように地中で生活しています。サナギは、蛹室と呼ばれる部屋の中にいるのですが、幼虫は、そんなことお構いなしに周囲の腐葉土を食べながら進んでいるので、うっかり、この蛹室を壊されてしまう可能性があるのです。蛹室が壊されるとサナギは羽化不全を起こしてしまったり、上手く羽化できずに死んでしまったりします。

野外で行われた調査によると、カブトムシの幼虫とサナギが入っている蛹室は、平均約6㎝という非常に近い距離で分布していたそうです。

まるで保育園のお昼寝の時間のような密度で、幼虫とサナギが暮らしていることを考えると、1人でも暴れん坊が混ざっていたら、蛹室があっという間にめちゃくちゃになってしまうことは容易に想像がつきます。そして、その暴れん坊は1人どころか、幼虫全てです。

カブトムシのサナギは、幼虫が近づいてくると、腹部を回転させることで、蛹室の壁に背中を打ち付けて、振動を作り出します。すると、その振動を感知した幼虫は、振動を嫌がり、蛹室の近くを回避します。

サナギ自身や蛹室の存在によって、幼虫が回避行動を行ったわけではなく、死んだサナギの入っている蛹室は、高い確率で幼虫に壊されてしまったそうです。空の蛹室の近くでサナギの振動を再現しても、幼虫は、同じように回避行動を行ったことから、サナギの作り出す振動が、幼虫を遠ざけていると考えられています。

カブトムシのサナギには、鳴き声をあげる声帯や発音膜こそありませんが、とても雄弁に自分の存在をアピールしているのです。

私たち人間は、声帯が作り出す声や文字という媒体を介して言葉を紡ぎ、コミュニケーションを行うことが多いので、ついつい小さな生き物が私たちとは違う形のコミュニケーションを行っているのを見落としてしまいがちです。しかし、地球には、私たち以外の誰かに向けられた、多様なコミュニケーションが溢れているのです。

カブトムシのサナギが出す音のように、いつか、ナンキンキノカワガが、ギザギザになっている繭の内側とサナギの尾部を擦り合わせて弦楽器のように出す音や、ウスタビガの前蛹や幼虫が気門から空気を出して作り出す音の目的がわかる日が来るかもしれません。

これもやっぱり誰かに向けたコミュニケーションなのでしょうか？　それとも全く別のもの？　考え出すと興味が尽きません。

ちなみに、カブトムシの幼虫は、同じ場所で育った幼虫同士が同じくらいのタイミングでサナギになることでも知られています。

子孫を残すために生殖能力をもった成虫になるのに、同種の仲間のいないタイミングで1匹だけで羽化してしまうと困ります。ですので、近くにいるカブトムシと同調してサナギになると考えられています。

昆虫のコミュニケーションというと、餌場を知らせるミツバチの「8の字ダンス」やスズムシやコオロギといった秋の虫が代表的な、求愛のための鳴き声が有名ですが、知られているものは、おそらくほんの一部でしょう。

もし、私たち人間が、私たち以外に向けられた言葉を聞き取れるようになったとしたら、あっという間に頭がパンクしてしまうと思います。種類でも数でも、この地球で圧倒的に多いのは昆虫で、ここは昆虫の惑星なのですから。

◆
◆
◆

1章では、現在の昆虫を昆虫たらしめているともいえるような、彼らにとって重要な現象「変態」が、どのような役割を果たし、どのようなメカニズムで起こり、そして、如何に興味深い秘密と既知の事実を抱えているのかを一緒に追ってきました。

続く2章では、実際に、様々な昆虫たちの不思議に満ち満ちた変態を見ていきましょう。20種の昆虫の、個性あふれる変態を矢継ぎ早にご紹介いたします。500万種とも1000万種ともいわれる昆虫の中では、ごくわずかといえる数ですが、読む分にはなかなか読み応えのある数ではないでしょうか？　約８６０億個の神経細胞で構成される人間の脳で真剣に考えても、20パターンのそれぞれ異なる変態を考え出すというのは、それなりに大変なことだと思います。

都市化が進んだ現代において、昆虫は、身近な存在でなくなりつつあります。それぞれの昆虫がどのように成長するかを知ることは、昆虫たちを今より身近な存在にすることです。知人から子供時代や学生時代の思い出話を聞いて親しくなるように、知らないことを勉強しようと身構えずに、ぜひ、新しい知り合いを増やすくらいの軽い気持ちでページをめくってみてください。

第2章

昆虫たちのフシギすぎる変態20

世界で一番美しいサナギ・オオゴマダラ

フシギすぎ!
01

南国に住む日本最大級のチョウ

美しい昆虫を列挙したら、間違いなく筆頭に名前が挙げられるであろうチョウ。青い空に優雅にひらめく鮮やかな色彩の翅は、古今東西多くの人々の心を惹きつけ、芸術作品のモチーフとしても重用されてきました。チョウの美しさを語るとき、多くの人が思い浮かべるのは成虫の姿だと思いますが、実は、「世界で一番美しいサナギ」ともいわれる、成虫に負けないほど美しいサナギのチョウが日本に生息しているのです。

そのチョウの名前は、オオゴマダラ。日本最大級のチョウで、鹿児島県の喜界島、世論島以南の南西諸島に生息しています。沖縄県では非常に馴染みの深い昆虫であり、埼玉県の「ミドリシジミ」に次いで2例目となる、「県蝶」に指定されました。非常に美しいチョウで、ふわふわと風を撫でるような優しい飛び方から「南国の貴婦人」、白地に黒い筋の入った翅の模様から、「新聞のチョウ」とも呼ばれています。

もし、チョウに大モテしてみたいという願望がある人がいらっしゃいましたら、整髪料やハンドクリームをつけて、オオゴマダラのいる場所を訪れてみるとよいでしょう。野生下で大量のオオゴマダラに同時に遭遇することは難しいですが、昆虫館やバタフライガーデンには、しばしば、オオゴマダラが展示されています。整髪料やハンドクリームに含まれることが多い、「パラベン」という物質がオオゴマダラのフェロモンに似ているので寄ってくるのです。このオオゴマダラのサナギが、サナギに対する地味なイメージを覆すほど美しい見た目をしています。

光の反射によって生じる光沢

オオゴマダラのサナギは、ピカピカと光る金色をしています。色素による色ではなく、表面の形状が生じさせる光の反射によって見える、「構造色」という色です。CDの裏側やシャボン玉のキラキラも同じ仕組みによって見えます。木に鈴なりにくっついていると、まるでクリスマスツリーを飾るオーナメントのよう。昆虫の展示を行っている飼育施設では、クリスマスシーズンに、実際にツリーに飾って展示している場所もあります。幼虫から変態したばかりのサナギは、金色というより、プラスチックのように半透明で彩度の高い黄色ですが、2日程度経つと金属質の光沢に変化します。

オオゴマダラのサナギは、なぜこんなに特徴的な見た目をしているのでしょうか。逃げたり、攻撃を返したりすることのできないサナギの多くは、周囲の風景に馴染むように緑か茶色の地味な色をしていることが多いものです。人工物のような輝きを放つオオゴマダラのサナギは野生下で悪目立ちしてしまうのではないかと、家族でも友達でもないのに勝手に心配になります。

オオゴマダラのサナギが、なんのために金色をしているかについてまだ結論は出ていません。しかし、有力な仮説が2つ存在しています。

1つは、保護色です。金色のサナギは、人の目には大変目立って見えますが、天敵となる鳥や昆虫の目には、周りの景色が反射して見えにくいのではないかという考え方です。中南米に生息するプラチナコガネという、コガネムシの仲間たちもこのように金ピカの体を保護色にしていると考えられています。

もう1つは、警戒色です。金色であることで毒があることを周囲に伝えているとも考えられています。オオゴマダラの幼虫は、ホウライカガミという毒のある植物を食べることで体内に毒を蓄えています。人間が触っても害はありませんが、鳥が積極的に食べたがる昆虫ではありません。幼虫のときもなかなか印象的な見た目をしており、毒があることを知らない人でも毒を警戒する見た目に仕上がっているのが昆虫の不思議です。

黒い体に白い縞模様が並び、その間に等間隔に真っ赤な斑点があしらわれ、お尻と背中からは奇妙な突起が数本突き出しています。私たち人間と、鳥や昆虫に共通した感性があるかもしれないと思うと面白いですよね。ちなみに成虫のオオゴマダラがゆっくり飛ぶのも、毒をもっていることのアピールだと考えられています。

カラフルさを纏うサナギたち

オオゴマダラの成虫が出ていった後のサナギを加工してアクセサリーや装飾に使うことができたら素敵だなと思うのですが、残念ながら、それはできません。象牙色の成虫が旅立った後のサナギは、ギラギラと光を照り返すメタリックな輝きから一転して、薄黄色に透き通ったガラスのような見た目になります。

成虫も蛹殻《ようかく》も金色ではないというのに、あの鳥も怯むような眩しさは、一体どこからやってきて、どこにいってしまったのでしょうか。これが構造色の面白いところです。オオゴマダラのサナギの金色は、クチクラと水の層からなる多層膜によって生み出されていると考えられています。また、実際に金と同じ輝きを放っているわけではないにもかかわらず、人の目には金色に見えるのは、餌に含まれるカロテノイドが特定の光を吸収することが関係しているとも考えられています。そのため、オオゴマダラの金色はサナギの期間だけ見ることができるのです。

ちなみに、オオゴマダラが属するタテハチョウ科の仲間には、他にもピカピカとした金属質の輝きを放つものがいます。例えば、アサギマダラのサナギは、メタリックな緑色で近未来を思わせるネオンカラーですし、ツマグロヒョウモンのサナギは、全体がピカピカ光っているわけではありませんが、棘のような突起が金や銀に輝き、そのデザインはさながらフランスの一流ブランド、「クリスチャン　ルブタン」のよう。私が特に好きなのはツマムラサキマダラです。オオゴマダラと生息域が被るツマムラサキマダラは、銀色に輝くサナギに変態します。このツマムラサキマダラのオスは、夜明け前の空に星が浮かんでいるような翅をもつ非常に美しいチョウです。私はまだその瞬間を見たことがないのですが、銀色のサナギがだんだん暗い色に変化して、その黒く艶やかなサナギを破って、夜空のようなチョウが姿を現したら、小さな宇宙のように美しいだろうと思うと、いつか、この目に映す、その日に向けてときめきが止まりません。

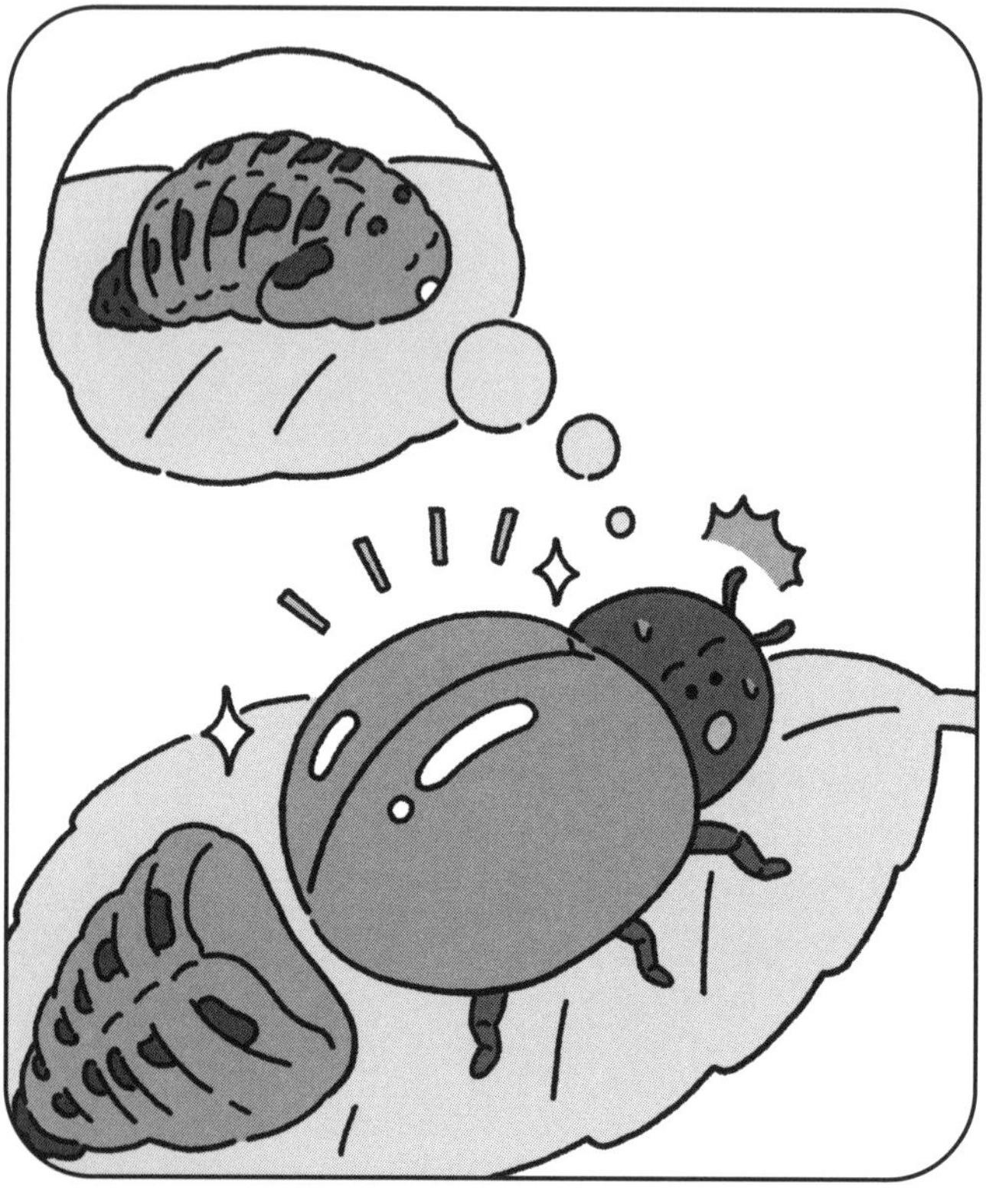

成虫によく似た
サナギの
テントウムシ

フシギすぎ!
02

成虫に全く似ていない、幼虫時代

サナギのイメージが湧きにくいテントウムシですが、テントウムシも完全変態の昆虫です。テントウムシは、カブトムシやクワガタと同じ甲虫目の昆虫です。特にナナホシテントウは、農作物の天敵となるアブラムシを捕食する益虫であり、見た目も可愛らしいため、昆虫の中でも好感度が高く、幸運のシンボルとして、様々なモチーフに使われています。

日本語の名称であるテントウムシも太陽に向かって飛んでいく特性からつけられた、「太陽神であるお天道様に向かっていく虫」=「天道虫」と、縁起のよい名前ですが、英語の名称には、さらに人々から愛されていることが伝わってくる意味が込められています。

テントウムシは、英語圏では「Ladybug」や「Ladybird」「Ladybeetle」と呼ばれています。この「lady」はただの「若い娘」や「お嬢さん」という意味ではなく、聖母マリアを意味します。ドイツ語でもフランス語でも、テントウムシは聖母マリアに関連した名前で呼ばれています。フランスでは、テントウムシを捕まえたときに飛ばせてあげると、テントウムシが天国に昇って席を用意してくれるという言い伝えがあるそうです。

そんな世界中で人気のあるテントウムシですが、幼虫の姿は、あまり描かれることがありません。ナナホシテントウを例に、テントウムシの変態を追っていきましょう。ナナホシテントウの幼虫は、短めの毛虫に細長い脚が生えたような、独特な見た目をしています。黄色い楕円形の卵から孵化した幼虫は、3度の脱皮を経た後に、サナギに変態します。脱皮したばかりのサナギは、黄色一色ですが、しばらくすると模様が浮き出てきます。幼虫は、全く成虫に似ていなかったのに、サナギの姿は今にも歩き出しそうなくらい、色も模様も形も成虫によく似ているのです。サナギの中から色や模様が透けて見えているのでしょうか?

不思議なことに、成虫によく似たサナギから、羽化したばかりのナナホシテントウは、脱皮したばかりのサナギと同じようにクリーム色か黄色一色で模様がありません。羽化してしばらくすると飛ぶときに使う後翅が伸びてくるので、翅を伸ばせる場所を探し、体を乾かします。しばらく経つと、黄色が朱色や紅色になり、その間に黒い模様も少しずつ浮き出してきます。ナナホシテントウの派手な体色は、人間の目には可愛らしく映りますが、虫を食べる外敵たちに、食べても美味しくないことを伝えるための警戒色です。テントウムシの仲間は、触ると関節から臭くて苦い液体を出します。この液体がうっかり手や服につくと、なかなかとれないので、テントウムシを触るときは驚かせないように気をつけましょう。このようなテントウムシの特性に便乗して、テントウゴキブリやイタドリハムシといった昆虫は、敵から身を守るためにテントウムシに似せた色や模様をしています。

200以上の模様をもつナミテントウ

テントウムシの模様といえば、ある興味深いテントウムシがいます。ナナホシテントウに並んで知名度の高い、ナミテントウです。名前の由来は、「並」、つまりよくいる普通のテントウムシです。

ナナホシテントウは7つの黒い斑点の並び方まで決まっていますが、ナミテントウの模様はなんと200種類以上といわれています。ほぼオレンジ一色のものから、ナナホシテントウのように、赤い体に複数の黒い斑点のもの、黒い体にオレンジの斑点が2つ並んでいたり、帯のように体を横切る模様があったり、ときには、ひょうたんのような、グラスのような、不思議な模様が並んでいたりと思い思いの装いをしています。ナミテントウもナナホシテントウと同じように、成虫に似た柄のあるサナギから、黄色い成虫が羽化し、時間が経つと模様が浮き出してきます。ナミテントウの模様は、サナギの段階で、メラニンという黒い色素とカロテノイドという赤い色素によって作られています。

なぜ、こんなに多様な模様が作られているのでしょうか？　その秘密を解き明かす遺伝子が2018年に日本の基礎生物学研究所の研究チームによって特定されました。パニアと呼ばれる1つの遺伝子によって、メラニンの合成が促され、カロテノイドの沈着が抑制されることによって、様々な模様が作られていたのです。サナギの後期から色素の沈着が始まっているそうです。

このように作り出されるナミテントウの模様は、大きく分けると、「二紋型」「四紋型」「斑形」「紅型」に分けられるのですが、生息している地域によって模様の傾向があり、南へ行くほど「紅型」の割合が多く、北に行くほど「二紋型」の割合が多いことがわかっています。ところが、1950年ごろとくらべて、2000年ごろのデータでは、「二紋型」が増え、「紅型」が減っていることが明らかになったのです。まだこの原因は、はっきりわかってはいませんが、温暖化の影響が関係しているのではないかと考えられています。自分の住んでいる地域でナミテントウを見つけたら、柄を記録してみるのも面白いかもしれません。

テントウムシの変態の面白いところは、模様だけではありません。テントウムシは完全変態の昆虫としては非常に珍しい特徴を備えているのです。テントウムシ科の昆虫は、世界に6000種、日本だけでも180種が生息しています。食性も様々で、ナナホシテントウやアカホシテントウなどアブラムシやカイガラムシのような農業害虫を食べる肉食性、キイロテントウなど植物を病気にするカビ類を食べる菌食性、ニジュウヤホシテントウなどナス科やウリ科の植物を食べる食葉性のテントウムシが存在します。テントウムシの珍しい特徴は、食性に関係しています。テントウムシは、完全変態の昆虫には珍しく、幼虫と成虫が同じ食べものを食べるのです。例えば、ナミテントウは、幼虫も成虫も同じようにアブラムシを食べます。生涯を通じて、農作物の敵となるアブラムシをたくさん食べるので、環境に負荷の少ない農薬として、飛ばないナミテントウが品種改良で作り出され、「テントップ」という商品名で販売されています。見た目は、全く似ていないけれど、食の好みはよく似ているのです。

世にも珍しい泳ぐサナギ・カ

フシギすぎ!
03

餌は食べずに泳ぎ回る

一般的にサナギは、1つの場所にとどまって、ほとんど動くことなく、じっと成虫になるときを待っているものです。ところが、私たちのごく身近な場所に、泳ぎ回るサナギが存在します。泳ぎ回るサナギに変態する昆虫は、私たちがペチンと一息に叩いてしまえるような小さな存在でありながら、最も多くの人間の命を奪った生き物ともいわれる「カ」です。

カは、卵からサナギまでの期間を水の中で過ごします。日本で一番人間に被害をもたらしているヒトスジシマカ（ヤブカ）という身近なカを例に、その生活史を見ていきましょう。ヒトスジシマカは、流れのない溜まった水であれば、どんなところでも生きることができるので、お墓の花立てや空き缶、駐車場にある車止め用の古タイヤに溜まった水など、小規模な水たまりにも発生します。水際や水面に卵が産みつけられると、1日から2日で孵化し、細長い幼虫になります。幼虫は「ボウフラ」と呼ばれています。クネクネとよく動き、棒を振っているように見えるところから「ボウフリ」とも呼ばれ、名前の由来となったといわれています。定期的に尻尾の先端を水面に出して、呼吸管にしているので、頭を下にして、水面に対して垂直に体を伸ばした姿勢をとります。水面から空気を取り入れることができるので、流れのない水の中でも生きていけるのです。人の血を吸って痒くしたり、病気を媒介したりするため、害虫の代表格として名を馳せていますが、幼虫は、水中の微生物や生き物の死骸、排泄物を食べて、水を綺麗にしてくれる益虫です。

1週間ほど幼虫として過ごした後に、サナギになります。サナギは、「オニボウフラ」と呼ばれています。オニボウフラは、巨大な頭のような胴部にちょろっと尻尾がついたような個性的な見た目をしています。幼虫と同じように呼吸器を水面に出して呼吸するのですが、尻尾の先ではなく、胴部から伸びた2本の角のような呼吸器を突き出すことから、「鬼」に見立てられ、オニボウフラと呼ばれるようになりました。このサナギの期間は、3日程度ですが、とてもよく動くのです。

普段は、水面近くで過ごしていることが多い、オニボウフラですが、警戒心がとても強く、天敵の気配を察知すると、すぐに水の底に泳いで行ってしまうのです。ピクピクッと俊敏に泳ぐ様子は、サナギというより、エビのように見えます。動くサナギは他にも存在しますが、オニボウフラほどの移動能力をもったサナギはそうそう存在しません。

他のサナギと同じように餌を食べずに過ごすので、この泳力は、身を守るためだけにあると言えます。

天敵となる生き物は、主に、メダカや金魚のような小魚やザリガニなどの水生生物です。メダカによく似た、「カダヤシ」という小魚がいるのですが、この魚はボウフラやオニボウフラをよく食べることから、「蚊を絶やす」、すなわち「蚊絶やし」と呼ばれるようになりました。厄介な力が血を吸う成虫になる前に食べてくれるなんて、なんてありがたい魚だろうと思うのは早計です。カダヤシは攻撃性が強く、メダカなどの他の魚の卵や稚魚、ボウフラ以外の小さな水生昆虫も食べてしまうことから、「特定外来生物」に指定されていて、飼育、放流、運搬、譲渡、売買の全てが禁止されています。違反した場合は、3年以下の懲役、または300万円以下の罰金が課せられます。元々、1916年に日本にもち込まれ、ボウフラ駆除のために1970年ごろから各地で放流されたのですが、繁殖力の強さからあっという間に広がってしまったのです。

持ち前の警戒心と泳力で無事にサナギの期間を終えることができたヒトスジシマカは、水面で羽化します。動く水面の上でサナギを脱ぎ捨て、成虫へと羽化したヒトスジシマカは、水上に立ち上がります。ヒトスジシマカは成虫になると、草陰で過ごしますが、脚に微細な凹凸構造があって、その隙間に空気が入ることで水に浮くことができるのです。成虫になったカは、すぐに人間の血を吸いにいくかと思いきや、普段は花の蜜や草の汁を吸って生活します。血を吸うのは、交尾を済ませた産卵期のメスだけです。実は、完全ではありませんが、幼虫と成虫で、肉食から草食に代わる珍しい昆虫なのです。

厄介なカとの共生の未来

カは非力で小さいけれど、マラリアや黄熱病、ジカウイルス感染症、デング熱など様々な病気を媒介し、年間72万人以上の人間の命を奪っています。今後も、人間の宿敵として君臨していくでしょう。カダヤシの導入では失敗してしまいましたが、殺虫剤のように他の生き物にも影響が及ぶ環境負荷の大きい方法以外でカを減らす試みについては世界中で研究が進んでいます。今の殺虫剤は、環境負荷が大きいだけではなく、薬剤抵抗性をもったカを生み出すことにもつながり、持続可能な対策になりにくいという欠点がありました。最近、発表された研究には、カの変態に作用することでカの発生を抑制するというものがあります。昆虫の脱皮と変態を司る昆虫ステロイドホルモン「エクジステロイド」の働きを撹乱することで、昆虫以外の生物への影響を避けながら、害虫の発育を阻害することができるのです。

カを殺さずに、人間の被害だけを減らすような研究も進んでいて、カの体内にいるマラリア原虫だけを駆除する薬剤を蚊帳を組み合わせる方法や、ボディクリームのように体に塗るとカがとまりたがらない肌の状態にしてくれるという方法も開発されています。ボディクリームのように肌に塗る虫除けは、花王の研究チームが開発し、日本ではまだ発売されていないのですが、タイで販売され、話題を呼んでいます。私も一度塗ったことがあるのですが、するんと伸びていくテクスチャーが心地よく、機会があれば、ぜひお土産に買ってきてもらいたい、素晴らしい使い心地でした。

人間にとっては脅威的な宿敵であるカも大事な地球の仲間です。それに、もし、地球の生き物全てが集まって、人間とカのどちらかを投票で追放することになったとしたら、おそらく、地球を去らなければいけなくなるのは人間でしょう。上手く共存していける日が訪れるといいですね。

身近な
夏の風物詩・セミ

フシギすぎ！

04

セミが地中で長く暮らすわけ

夏の短い間に、命を燃やすように必死に鳴いて死んでいくように見えることから、儚い命の代名詞になることも多いセミ。私も、子供の頃は、成虫になって1週間ほどしか生きられない昆虫だと思っていました。ところが、最近になって、成虫になってからも1ヶ月ほど生き延びることがわかりました。おそらく、飼育下では天寿を全うすることが難しかったのでしょう。成虫のセミは、生きている木の硬い皮にストロー状の口を突き刺して樹液を飲んでいるので、餌の調達も困難です。イメージに反して、幼虫の頃まで含めると、セミはかなり寿命の長い昆虫です。

身近なセミを例にすると、アブラゼミは卵から孵るのに1年もの月日を要します。今年鳴いているセミの産んだ卵は来年の同じ時期にようやく1齢幼虫になるのです。ミンミンゼミも同様に翌年孵化します。ニイニイゼミやヒグラシの卵はその年中に孵化します。木の皮の下や枯れ枝に産みつけられた、タイ米のように細長い卵から孵化すると、真っ白なアリのような幼虫が出てきます。そして、地上に降り、土を掘って潜っていきます。幼虫の期間がセミの生涯で一番長い期間です。セミは不完全変態の昆虫なので、サナギの期間はなく、卵の期間と幼虫の期間と成虫の期間を全て足したものがセミの寿命といえるでしょう。幼虫の期間はアブラゼミでは2〜4年程度。クマゼミで2〜5年程度。短いツクツクホウシで1〜2年程度。いずれも、環境条件によって、それ以上長くもなるので例外はありますが、これまた私が子供の頃、聞いて信じていた7年土の中にいるというセミは日本にはいないようです。

どうしてセミはこんなにも長い時間を土の中で過ごすのでしょうか？　それは、セミの食べものに関係があると考えられています。セミの幼虫は、土の中の木の根っこにくっついて、その汁を飲んで成長します。この汁があまり栄養豊富とは言えないため、セミの幼虫はじっくり時間をかけて大きくなるのです。

海外のセミにはもっと長い時間をかけて成長するものもいます。北米に生息する、周期ゼミと呼ばれるセミは、毎世代、17年または13年に1度成虫の姿で大量発生します。毎年、どこかの地域で、発生することが多いのですが、どこの地域でも発生しないという年もあります。ちなみに２０２４年は、13年と17年の周期ゼミが重なる地域で同時に羽化した年でした。その数は1兆匹にも及ぶのではないかと推測されています。同じ現象が前回起こったのは、１８０３年。アメリカの船が鎖国していた日本の長崎に来航して、通商を要求したくらいの時代です。次回は２２４５年だと予想されているので、今の時代を生きる私たちがその大量発生を目撃する最初で最後のチャンスとなるでしょう。私は、めちゃくちゃ見に行きたかったのですが、出産と時期まで完全に被ってしまい、行くことが叶わず残念でした。でも、我が子には、アメリカの土の下に１兆匹の同期がいると思うと心強い気持ちです。

あまりにたくさん発生するので、周期ゼミが大量発生した年は、新聞にセミを使ったレシピが掲載されていたりします。おすすめの調理方法は、エビチリならぬセミチリです。

抜け殻は情報の宝庫

海外には、面白いセミもいるものだと感心しますが、実は日本ではごく普通に見かけるアブラゼミも海外の人からはある特徴が珍しいことで関心を集めています。それは、翅の色が茶色いことです。多くのセミは透明に透き通った翅をもっているので、アブラゼミのように色のついた翅をもつセミは珍しいのです。身近すぎると、その魅力を当たり前のものだと思って、かえって気づきにくいのかもしれないですね。

そんなアブラゼミも羽化したばかりのときは茶色の翅をもっていません。土の中で十分に成長した幼虫は、夏の夕方にそっと住み慣れた土から出てきて、木に登ります。夏に、木の根元の地面に親指大の穴が開いていたら、セミが出てきた跡です。たまに、まだ中に幼虫が潜んでいて、じっと夕方になるのを待っていることがあります。穴から出てきたばかりのときは、私たちがよく知るセミの抜け殻の中身がまだ入った状態でのそのそと歩いています。羽化が始まるのは、大体、日没後です。完全変態でも不完全変態でも、羽化する瞬間というのは、非常に繊細で逃げ出すこともできないため、一番危険の多い時間です。そのため、天敵である鳥に見つからないように夜、羽化することが多いのです。

アブラゼミの幼虫が、枝や葉っぱにしがみついて、しばらくすると、背中が真っ二つに割れて、中から、乳白色のガラスをエメラルドグリーンが縁取ったような美しい翅をもつ成虫が出てきます。この時点では、翅といっても、しわくちゃに縮んだ小さな翅なのですが、体液を送り込んでまっすぐで大きな翅に伸ばします。体が抜け殻から全て出るまでに1時間、体や翅を乾かすまでに数時間かかり、鳥が行動を開始する明け方までに飛べるようになるのです。体が乾燥していくうちに、体全体に薄く色がつき始め、飛び立つ頃には、羽化したばかりの幻想的な色合いから、お馴染みの茶色いアブラゼミへと完全な変化を遂げます。この羽化直後の乳白色とエメラルドグリーンの翅はアブラゼミならではの魅力です。クマゼミやミンミンゼミのように透明な翅をもつセミは、羽化直後は、青みがかった緑色に透き通った翅をしています。

不完全変態の昆虫は、幼虫の頃から、成虫とよく似た姿をしていて、最後の脱皮で翅が伸びるケースがほとんどですが、セミは、トンボと並んで姿形を変える不完全変態の昆虫です。一見、幼虫と成虫はあまり似ていないように見えますが、夏に抜け殻を見つけたら、じっくり観察してみてください。顔立ちや体つきが既に成虫のセミとよく似ていることに気がつくでしょう。背中には、翅が収まっていた小さな出っぱりも見えます。実は、抜け殻の時点で、オスかメスかを見分けることもできるのです。お尻(腹部)の先の尖った部分を見てください。縦に割れ目が入っているのがメスで、何もないのがオスです。これは成虫になったときに産卵管になる部分です。もちろん、幼虫のときは交尾も産卵もできませんが、性別自体は最初から決まっているのです。また、割れた背中の中を覗くと、白い糸のようなものが見えることがあります。この白い糸は胸部と腹部に開いた穴につながっています。「気門」という昆虫の呼吸器官が脱皮した跡です。サナギも面白いけれど、昆虫の体の作りを外から中から観察できる抜け殻も面白いですよね。

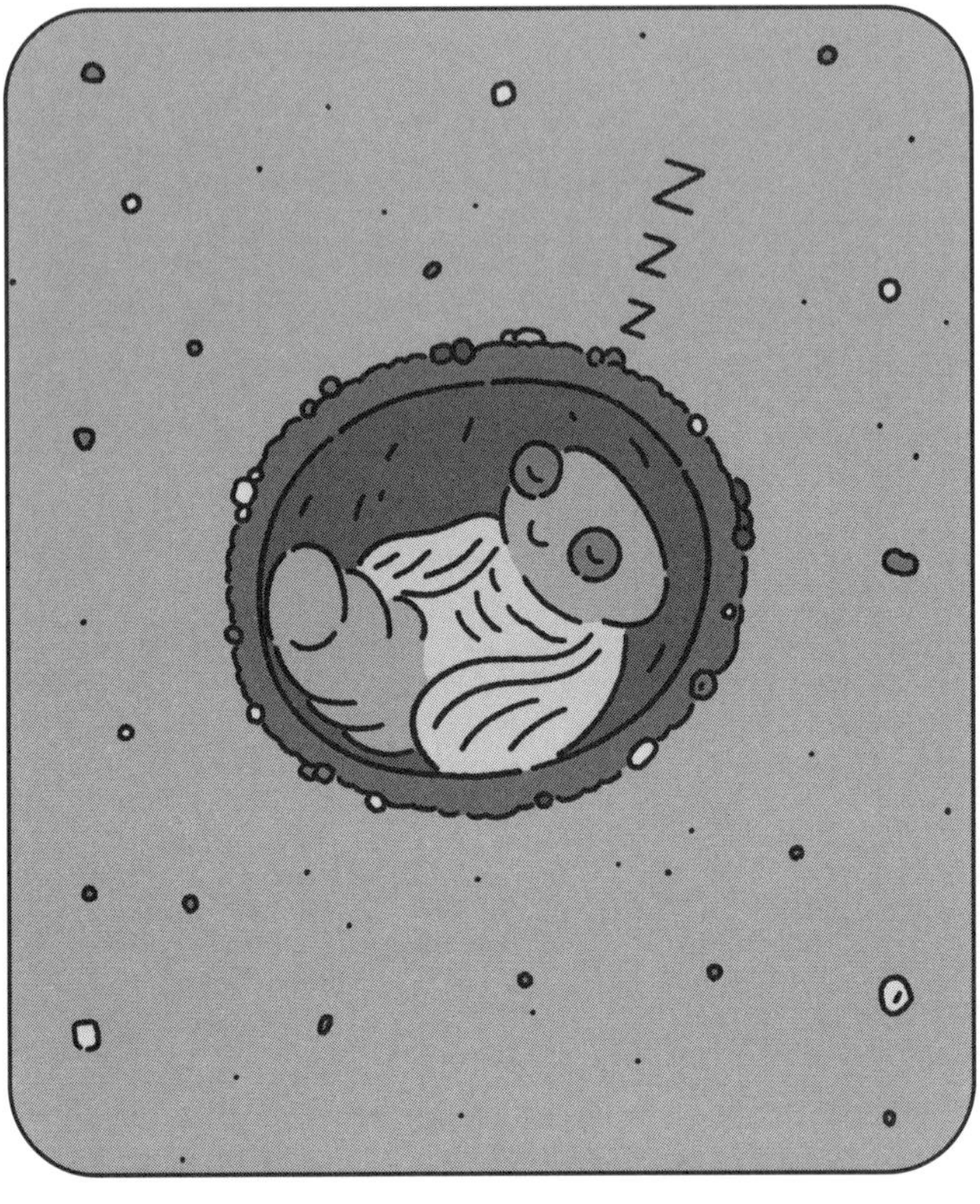

土の繭で過ごす ウスバカゲロウ

フシギすぎ!
05

ユニークな生態をもつウスバカゲロウ

ウスバカゲロウという昆虫を知っていますか？　成虫の姿で知られている昆虫がほとんどだと思いますが、ウスバカゲロウに関しては、幼虫の姿や名前を知っている人の方が多いかもしれません。

ウスバカゲロウの幼虫は、アリジゴクという名前で親しまれています。英語では、「ant lion」（アリのライオン）と呼ばれています。その名前の通り、砂地にすり鉢状の巣を作って、アリがその落とし穴に落ちてくるのを待ち構えています。このすり鉢状の巣は、崩れそうで崩れない絶妙な角度に作られているため、一度落ちると、なかなか這い上がれない仕組みになっていて、獲物となる昆虫が、アリジゴクの待ち受ける中央部まで落ちてくると、大きな顎で捕らえ、毒入りの消化液を注入します。アリジゴクと言っても、アリしか食べないわけではなく、他の小さな昆虫やダンゴムシやワラジムシのような小動物も食べています。

罠のような巣を作るのはごく一部の種類で、ウスバカゲロウ科の幼虫の多くは、徘徊や待ち伏せをして出会った獲物を直接狩るようなアグレッシブな昆虫ですが、まとめてアリジゴクと呼ばれています。幼虫は、小歯形のノコギリクワガタのような立派な大顎をもち、シラミを大きくしたようなぽってりと大きく平たいお腹をしています。アリジゴクの大顎は特殊な構造になっていて、一見、獲物をよく噛み砕けそうな顎に見えますが、噛み砕くのではなく、獲物の体に突き刺して、体液だけを吸うのです。衝撃的ですよね。

チョコエッグという、卵型のチョコレートに、様々なおもちゃが入ったカプセルが包まれているお菓子があります。私は、子供の頃、リアルな動物の造形で有名な海洋堂のフィギュアがパズルになって入っているシリーズが好きだったのですが、出てきたバラバラのパーツを見て、全く予想がつかないなあと思いながら、組み立てていったら、アリジゴクが完成し、幼かった私は完成形ですらなんだかわからないこの生き物に衝撃を受けたことを覚えています。

成虫は、透明な翅をもつ細いトンボのような見た目をしています。ウスバカゲロウの名前は、「薄い羽」＝「薄羽」のカゲロウ（別の昆虫の名前）に似ている昆虫であることからつけられました。間違えても、「ウスバカ」と「ゲロウ」で分けないでください。

ちなみに、ウスバカゲロウは、完全変態の昆虫です。見た目のよく似たカゲロウは、半変態と呼ばれる、特殊な不完全変態を行う昆虫なので、変態の様式をとってみても、両者が全く違う種類の昆虫であることがわかるでしょう。カゲロウが行う、半変態とは、亜変態とも呼ばれ、幼虫から亜成虫という段階を経て、成虫になるという変態です。カゲロウの幼虫は、水中の石の表面や枯れ葉の隙間、砂や泥の中で生活しています。ある程度成熟すると、脱皮して、亜成虫と呼ばれる、成虫と似た見た目で翅をもち、まだ繁殖能力はない個体へと変態します。この亜成虫の姿で移動し、交尾の前にもう一度脱皮して、成虫へと変態します。現存する昆虫で、翅が伸びてからもう一度脱皮を行う昆虫はカゲロウの仲間だけですが、この地球で初めて翅を獲得した昆虫は、カゲロウだと考えられています。もしかしたら、どこかの時点の地球では、半変態が主流だったかもしれませんね。

一生にうんちをするのは1度だけ!?

カゲロウとウスバカゲロウの違いを理解していて、さらにアリジゴクとウスバカゲロウをパッと思い浮かべることができる人でも、そのサナギをイメージできる人はなかなかいないのではないでしょうか？　幼虫も成虫もユニークなウスバカゲロウですが、そのサナギも非常にユニークです。

ウスバカゲロウの幼虫（アリジゴク）は2～3年間、土の中で過ごし、その間、2回の脱皮を行います。十分に成熟した終齢幼虫は、土の中で、腹部末端の絹糸腺から糸を出して、直径1㎝ほどの球形の繭を作り、その中でサナギへと変態します。この絹糸腺は、マルピーギ管と呼ばれる、人間でいう腎臓のような器官の一部が変化してできたものです。この繭の表面は、砂だったり、土だったり、苔だったり、周りの環境に馴染むような素材でコーティングされていて、小さな泥団子のようです。その泥団子のような繭の中で2週間から1ヶ月ほど過ごし、成虫となって外の世界に出てくるのです。この繭を開いて中を覗いて見ると、既に成虫そっくりの形になったサナギが身を縮めて収まっています。

かつては、幼虫であるアリジゴクの肛門がほとんど閉じているため、幼虫の期間は、一切、排泄をせずに体の中に溜め込んでおいて、成虫になって初めて排泄をするといわれていました。図鑑にもそのように載っていたので、私もこれだけ長い期間、排泄をしないで生きられる昆虫というのはかなり珍しい生態として、記憶していました。

ところが、2010年にこの通説を覆す出来事がありました。小学4年生の少年が、アリジゴクを観察していたところ、アリジゴクを載せていた白い紙に黄色い液体の染みが広がったのを見て、「おしっこではないか？」と考え、自由研究としてA4版55ページものレポートにまとめたのです。アリジゴクの尿に関しての報告は、この自由研究以前にも上がっていたのですが、小学生が通説に流されずに自分の見たものを根気強く確かめ、一般に知られていなかったアリジゴクが排尿をするという事実を世間に知らしめる大きなきっかけを作ったというのは、素晴らしい成果です。

アリジゴクの間も排尿することがわかったウスバカゲロウですが、フンをするのは、成虫になるときの1回だけ、2〜3年分をまとめてすると考えられています。人間に置き換えると凄まじい便秘です。あまり見たくないような気がしますが、写真を見てみたら、硬くてツヤツヤとして、バロックパールのように美しいフンでした。

女王バチと働きバチを分けるもの

フシギすぎ！
06

スズメバチの前蛹の〝しゃぶしゃぶ〟

ハチは、完全変態の昆虫です。

私は、大学時代、昆虫食の研究に取り組み、パッと思い浮かぶような昆虫だったら、ほとんど食べ尽くしたと自負しています。知名度の高い昆虫の中で唯一食べたことがないのはテントウムシなのですが、クコの実やピンクペッパーといった赤い粒を食わず嫌いしているので、同じく赤い粒であるテントウムシにはどうにも手が伸びないまま、ここまできてしまいました。最も美味しかった昆虫料理は、スズメバチの前蛹のしゃぶしゃぶです。上品で淡白なふわふわの身をポン酢にくぐらせていただくと、フグの白子を凌ぐような絶品珍味となります。

「前蛹」は聞きなれない言葉かと思いますが、ひと言で言うとサナギになる直前の状態です。「蛹」という字がつきますが、幼虫の最後の状態です。皆さんがよく知るアゲハチョウやカブトムシにも前蛹の段階は存在します。最後のフンを排出したばかりで、面倒なフン抜きの作業も必要なく、柔らかくて食材にピッタリなのです。

日本には古くから蜂食文化が残されています。ハチミツはもちろん、「蜂の子」は日本食品標準成分表にも掲載されている数少ない昆虫です。

その身近さの割に、ミツバチの変態はあまり知られていません。

ミツバチの一生は、卵が巣房と呼ばれる小さな部屋に産みつけられるところから始まります。蜜蝋で作られたこの部屋は、縦に長い正六角柱が隙間なく並んだ構造になっていて、衝撃に強く、少ない材料で多くの巣房を作ることができるという素晴らしくよくできた建築です。最初はスカスカな巣房も、最終的には、幼虫やサナギがみっちりと詰まって顔を出し、カプセルホテルのようなピッタリサイズの個室になります。

ミツバチの幼虫は、カブトムシの幼虫に似たタイプのイモムシで、顔が胴体よりもうんと小さく、ムチムチとよく太った乳白色の体をしています。サナギは成虫そっくりの形で、乳白色から徐々に色が濃くなって、羽化する直前には、成虫と同じ色になっていきます。幼虫が十分に成長すると巣房に蓋が掛けられ、羽化して蓋を破り出てくるまで密室で過ごすため、自然下では色の変化を観察することはできません。働きバチが守る巨大な巣の中の、蓋のついた丈夫な巣房でサナギの繊細な時期を過ごせるので、さぞ安心だろうと思いますが、時折、蓋がされる直前にミツバチへギイタダニという招かれざる客が滑り込み、サナギに寄生することで健康なミツバチの羽化を妨げることがあります。対処が遅れると巨大なコロニーを全滅させるほどの影響を与えるため、養蜂家の悩みの種になっているとか。

働きバチと女王バチの分かれ道

ミツバチの変態における最大の特徴は、働きバチと女王バチの分岐です。

女王バチは、働きバチにくらべて数が少なく、ごく限られた時期しか巣の外に出ません。エジプトの養蜂を取材した際に間近で見たのですが、その大きいこと。働きバチの2倍の大きさで寿命は30～40倍あるといいます。取材した養蜂家の方は、女王バチを紐のついた小さな長方形の籠に入れ、顎下につくように結び、女王バチが発するフェロモンに集まってくる働きバチでハチのひげを作るというパフォーマンスをしていました。せっかくの機会なので、私も挑戦させてもらったのですが、その日は風が強く、普段はおとなしい働きバチが興奮してしまったようで、鼻先、上唇、下唇の3ヶ所を刺されるという大惨事に……。我先にと私の鼻の穴の奥に潜り込まんとするミツバチの体を毛穴で感じながら、私の命は全て自然に委ねられているのだと妙に達観した気持ちになりました。

さて、働きバチがここまで必死になって大きな生き物に立ち向かうのには理由があります。働きバチにとって、女王バチの誘拐は、巣の崩壊を意味する一大事なのです。

働きバチは全てメスですが、そのうち卵を産むことができるのは女王バチだけなのです。普段は女王バチのフェロモンによって産卵を抑制されているのですが、女王がいなくなってしばらく経つと、働きバチの一部が卵を産み始めます。ところが、ミツバチは交尾をしないとメスのハチになる卵を産むことができないため、交尾の経験がない働きバチからはオスしか産まれません。働かないオスばかりが増えた巣は衰弱し、やがて消えゆく運命を辿るのです。

大きさも寿命も異なる女王バチと働きバチは、実は生まれたときは全く同じ卵から始まります。新しい女王バチが必要な時期になると、働きバチは王台と呼ばれるピーナッツの殻のように突き出した巣房を作ります。そして、女王バチがここに卵を産むと、その卵は次期女王バチになるべく育てられていくのです。しかし、この豪華な巣房は直接的には、卵の運命を変えるわけではありません。

運命のローヤルゼリー

卵の運命を決定づけるのは餌です。さて、ミツバチは何を食べて大きくなるでしょうか？
ハチミツだと思った方は半分正解です。通常の巣房に産み付けられた働きバチ予備軍の幼虫は、生後3日までワーカーゼリーというミツバチが分泌する物質を、その後はハチミツや花粉を食べて成長します。一方、王台の女王バチ予備軍は、ローヤルゼリーというワーカーゼリーよりも栄養価の高い物質だけを食べます。ローヤルゼリーをたっぷり食べて育った新女王候補は、働きバチ候補の幼虫よりも半日から1日早くサナギになり、サナギになってからも他のサナギより4、5日早く羽化するのです。

女王バチへの分岐は、生後3日間が非常に重要です。働きバチ候補も、3日以内にローヤルゼリーに切り替えられれば女王バチになることができます。ですので、女王バチが急に死去した場合などは、働きバチになるはずだった生後3日以内の若い幼虫や卵の巣房を王台に改造し、新女王を育成することもあります。

あなたがもしハチの子に生まれたら、ローヤルゼリーを食べて育ちたいですか？　実はローヤルゼリーは独特の酸っぱさやエグ味があり、苦手な人も多いので、ハチミツの方が楽しい幼虫ライフを送れるかもしれません。

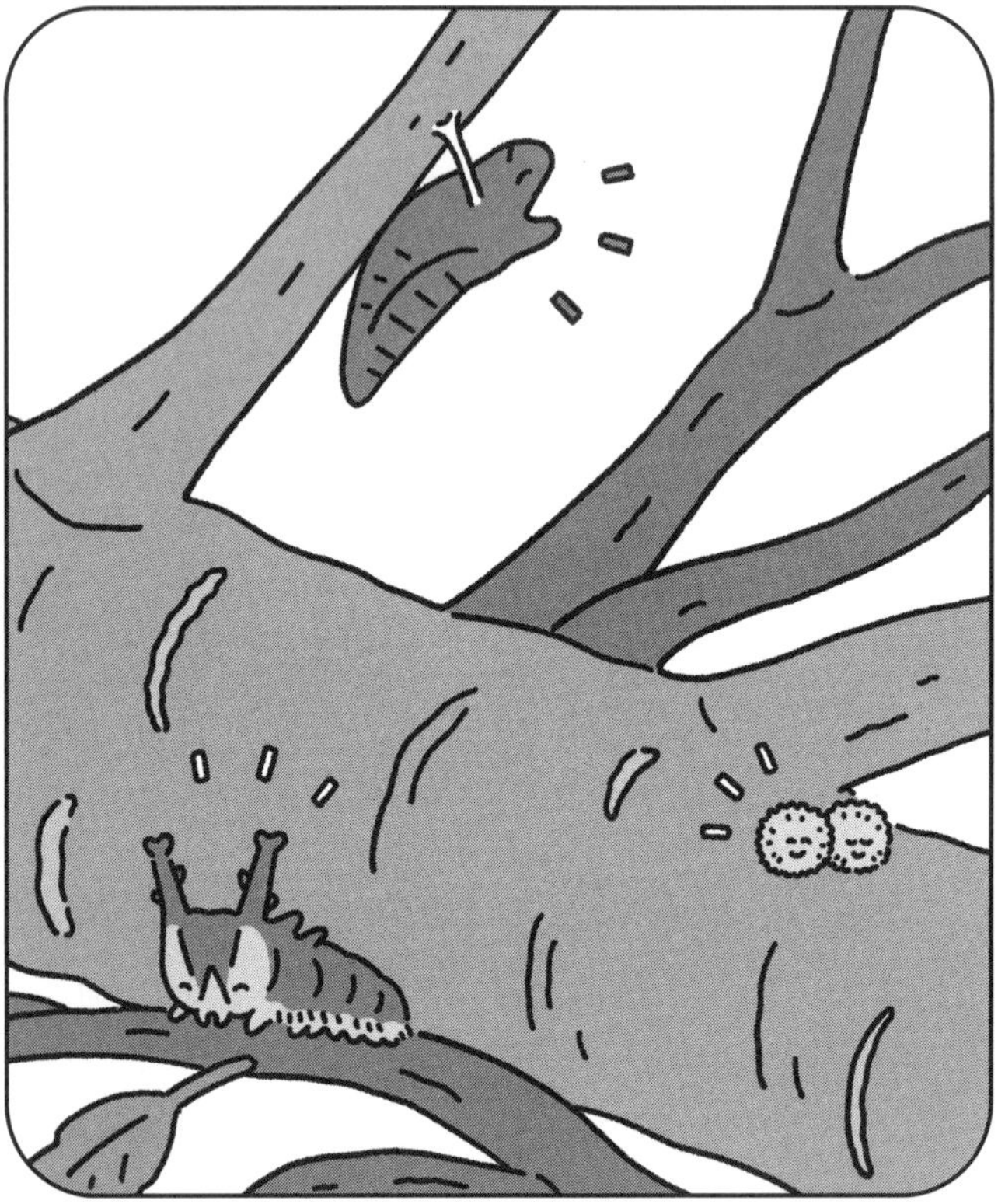

冬のサナギと春のサナギに分かれるアゲハチョウ

フシギすぎ！

07

最も身近な変態

かつての日本では、アゲハチョウの変態の不思議さに魅せられて、神様として崇めた人たちがいました。『日本書紀』には、7世紀の中頃、大生部多《おおうべのおお》という人物が、緑色のイモムシを「祀ると富と長寿を授かる常世神《とこよのかみ》」と説いて、人々を惑わせたとして、処罰されたという話が記されています。「この虫は、常に橘の樹に生《な》る。あるいは山椒に生る。長さは4寸余り、親指くらいの大きさである。その色は緑で黒点がある。形は全く蚕に似る」と記されていることから、この「常世神」「常世虫」はアゲハチョウの幼虫であったことが推測されています。イモムシがサナギとなって、翅をもった美しいチョウへと変わっていく様子は、変化や再生の象徴として、霊的なイメージをもつようになったのです。

時代が変わっても、人々はアゲハチョウに特別な印象をもち、縁起物として重宝してきました。平清盛をはじめとして、平氏の代表的な家紋としてアゲハチョウの紋があり、これは、姿を変えるアゲハチョウに立身出世の願いを重ねた武士らしい家紋だと考えられています。

アゲハチョウの成虫は、4～10月に見ることができます。意外にも長い期間、観察できる昆虫なのです。しかし、1匹のアゲハチョウが孵化してから死ぬまでの時間の長さは、約2ヶ月で、成虫の期間に限っては、2週間から1ヶ月とごく短命です。アゲハチョウは1年のうちに大体2～5世代ほど世代交代しているのです。

日本で見ることができるアゲハチョウの仲間はおよそ20種類程度いますが、その中でもよく目にするナミアゲハの変態の様子を追っていきましょう。

ナミアゲハは、小さな黄色い真珠のような卵から孵化すると、自分が生まれてきた卵の殻を食べ、その後、卵が産み付けられたサンショウやミカンの葉っぱを食べて成長します。最初は、鳥のフンと見間違えるような茶褐色や黒の体に白いラインの入った地味な見た目をしていますが、4回目の脱皮を終えると、鮮やかな緑色に目玉模様のある、小さなヘビのような姿に変わります。ごく稀に、この緑の5齢幼虫になってから、さらに脱皮をして6齢幼虫になる個体がいて、このような幼虫は過齢幼虫と呼ばれています。多くの幼虫は、5齢になると、サナギになるための安定した場所を探して彷徨い、見つけると、糸を張り巡らせて基礎を作り、体を糸で固定して、腹部を足場から離し、人間でいう筋トレの「プランク」のような体勢になります。なかなか、不安定で辛そうな体勢ですが、足場と腹部の間にスペースがある方が羽化するときに都合がいいのです。この状態がナミアゲハの前蛹です。その状態から脱皮を行うと、緑色や茶色の木の葉のようなサナギになり、10日～2週間ほどサナギとして過ごして、成虫へと羽化します。

春型と夏型を分けるもの

中には、5ヶ月くらいの期間をサナギで過ごすものもいます。それが、「春型」と呼ばれるアゲハチョウたちです。ちなみに、越冬しないアゲハチョウは「夏型」と呼ばれます。「春型」のアゲハチョウは、なぜ、こんなに長い期間、サナギで過ごすのでしょうか。

答えは、冬を越すためです。この「春型」という区分は、春に成虫となるアゲハチョウを意味します。アゲハチョウは、サナギの形で厳しい冬を越すのです。同じチョウの仲間でも、どの姿で冬を越すかは様々です。モンシロチョウは、アゲハチョウと同じようにサナギの姿で冬を越します。アイノミドリシジミやアカシジミは、卵の姿で冬を越します。日本の国蝶に指定されているオオムラサキは、幼虫の姿で枯れ葉の下に隠れて冬を越します。キタテハやキチョウは成虫の姿で冬を越し、オオカバマダラは、同じく成虫の姿で冬を越しますが、集団で暖かい南の方に渡ることで冬の寒さを回避します。古生代の終わりの石炭紀から、完全変態の昆虫が出現したことから、それまで温暖だった気候が寒くなり、氷河期を迎えたため、環境の変化に対応するためにサナギという段階を獲得したといわれていますが、現代の冬に立ち向かうための姿は意外とバラバラです。ちなみに、氷河期を生き延びた数少ないチョウの一種である、ウスバシロチョウは、卵で越冬し、2~3月という春の早い時期に羽化します。チョウとしては珍しく、繭を作って、その中でサナギになるという珍しい特徴をもっています。

大体、夏の終わりから秋に差し掛かるころに生まれたアゲハチョウが春型になることが多いのですが、秋に生まれたアゲハチョウが全て、春型になるわけではありません。最初から、春型・夏型として生まれるのではなく、幼虫の期間の昼と夜の長さの比が、アゲハチョウを春型にするか、夏型にするか決定する要因になっています。ですので、ほとんど同じくらいの時期に生まれていても、幼虫の期間の天気によって日照時間が異なると、春型になったり、夏型になったり変わるそうです。

この春型と夏型は出現する時期以外にも見た目の違いがあります。まず、一番の違いは、大きさです。個体差はありますが、春型は小さく、夏型は大きいという傾向があります。春型は幼虫の期間を食べやすい餌が減ってきた秋に過ごし、夏型は十分な餌がある春や夏に幼虫の期間を過ごすため、成虫の大きさに違いが出ると考えられています。

そして、ナミアゲハの場合は、模様にも違いが出ます。

ナミアゲハは、白や黄色に黒い筋状の模様が入った翅をもっていますが、春型の場合、夏型よりも黒い模様の割合が少なく、より明るい色合いをしているという特徴がありま す。同じように、サナギで冬を越し、春型と夏型があるモンシロチョウも春型は小さく、黒い模様が小さいという特徴があります。ナミアゲハやモンシロチョウの標本を見る機会があったら、ぜひ、そのチョウの幼虫期間の環境やサナギの季節についても想像してみてください。

サナギのまま大暴れするオオムラサキ

フシギすぎ！
08

気性が荒く、力強い大型のチョウ

サナギを辞書で調べようとすると、「ほとんど動かず」や「静止状態」といった文言が出てきますが、サナギは私たちのもっているイメージより遥かによく動いているものです。歩いて移動するカマキリモドキのサナギだけではなく、チョウやカブトムシといったよく知られる昆虫のサナギも動いています。特に力強く動くのが、オオムラサキです。オオムラサキのサナギは、一言で「動く」といっても、生半可な動き方ではありません。大暴れといっても差し支えないほどエネルギッシュな動きです。

オオムラサキとは、翅を広げると10㎝以上にもなる、タテハチョウ科では最大級のチョウです。北は北海道、南は九州と、沖縄を除く日本全土に生息していることと、勇ましく堂々として華麗であることから、１９５７年に日本の国蝶に選ばれています。

華麗であるというのは、翅の美しさからきているのでしょう。オオムラサキをイメージするときに思い浮かべるのは、おそらく、目の覚めるような鮮やかな青紫の翅をもつオスのオオムラサキですが、個人的には、より大きく、茶色と紫を混ぜたような渋い色合いの翅をもつメスも、いぶし銀の魅力に溢れていると思います。飛び方はとても堂々としています。美しい翅をグライダーのように広げて、滑空し、羽ばたくときには、およそチョウには似つかわしくないような、「バサッバサッ」という豪快な音を立てて、風を切ります。

オオムラサキは、花畑で花の蜜を吸う妖精的なチョウのイメージとは一線を画し、雑木林でクワガタやスズメバチに混じって樹液を吸う力強いチョウです。樹液がふんだんに滲み出る餌場は貴重です。オオムラサキもクワガタもスズメバチもみんなで仲良く譲り合ってというわけにはいきません。一見、武器らしい武器をもたないオオムラサキにこの餌場争いは不利に見えますが、硬くて大きな大顎をもったクワガタや強力な大顎と毒の針をもったスズメバチをものともせずに、追い払って餌場を占領することすらあります。力強いだけではなく、気性も荒く、縄張り意識が強いので、自分の縄張りに入ってきた侵入者は、スズメバチだろうが小鳥だろうが追い払います。他のチョウよりも翅がボロボロになった個体を見ることが多いのは、果敢に戦い抜いて生きてきたチョウだからです。

1日に1㎜成長するパワフル幼虫

このような、オオムラサキの特徴を知れば知るほど、躍動的なサナギ時代にも納得がいきます。7月から8月にかけてエノキの葉っぱに産みつけられる卵は、10日ほどかけて孵化し、アオムシのような幼虫になります。1週間ほどで脱皮して2齢幼虫になると、角のような突起物が出現します。2齢以降のオオムラサキの幼虫は、ウサギのような、ウミウシのような愛嬌のある見た目をしています。最初の脱皮から20日程度経つと、再び脱皮して3齢幼虫になります。北海道や東北地方といった寒い地方は、この3齢幼虫で冬を越し、その他の地域では、4齢幼虫で冬を越します。3齢幼虫で冬を越す地域のオオムラサキは他の地域の個体にくらべて小さい傾向があるといわれています。気温が低くなってくると、若葉のような緑色だった体は、枯れ葉のような茶色へと変化し、冬が来る前に木を降りて、木の根元に溜まっている落ち葉に張り付いて夏がくるまで過ごします。

エノキの若葉が芽吹き出す初夏になると厳しい冬の寒さを耐えたオオムラサキの幼虫たちは、木を登り、20日ほどすると脱皮し再び明るい緑色の5齢幼虫になります。5齢幼虫は、糸を吐いて、台座と呼ばれる居場所を作り、ここを拠点として、とにかくたくさんの葉っぱを食べまくり、凄まじいスピードで大きくなっていきます。そのスピードはなんと1日に1㎜といわれています。オオムラサキの幼虫の体長は、終齢幼虫で60㎜弱なので、私たち人間に例えたら、毎日2〜3㎝背が伸び続けているようなものです。

5齢幼虫になってから、2週間くらいで脱皮して、終齢である6齢幼虫になり、25日ほど過ごして、ついにサナギになる準備を始めます。大体、6月後半、十分に成熟したオオムラサキの幼虫は、葉っぱの裏に吐き出した糸で台座を作り、頭を下にした状態でお尻の先にある爪状の器官を台座に引っ掛けるようにして葉っぱに固定し、前蛹になります。その状態から半日〜2日程度経つと、体に白い筋が入り、頭部が割れ、幼虫の皮を上にたくしあげるように脱いでいくと、中から瑞々しい多肉植物のようなサナギが出現します。

ブルンブルンと体をくねらせる

オオムラサキは幼虫の段階が長いので、ようやく件の暴れん坊のサナギに辿り着きました。オオムラサキのサナギは、振動を感じたり、触られたりすると、ブルンブルンと勢いよく体をくねらせて動きます。あまりに激しく動くので、人間でもびっくりして手を引っ込めてしまうくらいです。

サナギが動く理由はまだはっきりと説明がついていませんが、天敵を退けるためなのではないかと考えられています。他の鱗翅目の昆虫のサナギと同じく、オオムラサキのサナギもアオムシコバチを筆頭とする寄生バチや寄生バエを天敵としています。昆虫を主食とする鳥にとっても鱗翅目のサナギは、簡単に食べられるご馳走です。触れると激しく動くサナギというのは、寄生する昆虫にとっては、卵を産みつけづらく、捕食してこようとする鳥にとっては、驚かされるものなのかもしれません。暴れ回るサナギの姿は、何度見ても面白くてついつい触ってしまいたくなりますが、中で大胆に体を作り替えている最中であるサナギは、触られるのが苦手です。

オオムラサキはサナギになると約2週間程度で美しい成虫へと羽化します。オオムラサキは、幼虫の食草となるエノキや成虫が樹液を吸うクヌギやコナラが生育する雑木林の減少から年々数を減らし、ついには準絶滅危惧種に指定されるまでになりました。日本全土で見られることから国蝶に選定されたという背景もあるのですが、野生下ではなかなか見ることができない地域も増え、東京23区では絶滅種とされています。

糸を紡ぐ
カイコ

フシギすぎ!
09

カイコとは家畜化された昆虫である

私が一番好きな昆虫の変態は、カイコの変態です。金ピカだったり、エメラルドグリーンに透き通っていたり、歩いたり、泳いだり、華やかな変態は数あれど、カイコの美しさは、特別です。カイコの研究をしたいと思って大学に入学し、入学してから私の研究はできないことが判明したので、新しく研究室で立ち上がったプロジェクトに加わって、ハチノコ粉末を利用した昆虫食の研究をしていました。博士課程で進学した別の大学で、現在は文化表象の中に登場するカイコとミツバチの姿を研究しています。

カイコは昆虫としては珍しく、生き物好きのみならず、多くの人々を魅了してきました。カイコは歴史上、他に類を見ないほど、人間に愛されてきた昆虫といえるでしょう。そして、カイコも人間を愛してきた――かはわかりませんが、人間がいなければ存在することはなかった唯一の昆虫です。カイコと人間は、互いを支え合い、今日に至るまで、多様な文化を紡いできました。

カイコは、正式名称をカイコガというガの仲間で自然界には存在しません。もし、今飼育されているカイコを野外に逃しても木に掴まる力がないので落ちて死んでしまうか、白くて目立つのであっという間に鳥に食べられてしまうかです。カイコは、約5000年前にクワコという野生のガを家畜化して作られたのが始まりだといわれています。

多くの人々のお目当てはカイコの変態によって生まれる、絹です。絹を紡いで作られた糸で織る布は、軽くて柔らかな質感と優れた吸湿性、美しい光沢から「繊維の女王」と評され、古今東西の人々を魅了しました。古代ローマでは、「同じ重さの金と同じだけの価値がある」といわれるほど高価な存在だったり、明治時代の日本では、「絹が軍艦を作った」といわれるほど養蚕（カイコを育てて絹をとること）が重要な産業であったりと、歴史の中でカイコほどの存在感を示した昆虫はいないと言っても過言ではないでしょう。

カイコの成長過程が知られていないわけ

しかし、これほどまでに身近な昆虫でありながら、カイコの成長過程は意外にも一般にあまり知られていません。それにはある理由があります。

日本の養蚕では、カイコは、5月から10月の温暖な時期に育てられます。

カイコの卵は、蚕種と呼ばれ、1㎜程度の小さなレンズ豆のような形をしています。

生まれたばかりの卵は薄黄色ですが、時間が経つにつれ、青灰色になります。

この卵が産みつけた紙は、蚕卵紙や蚕種紙と呼ばれ、専門の業者によって製造・販売されていました。かつては、カイコの繁殖は法律によって管理され、一般の人はもちろん、養蚕農家でも自由に繁殖させることはできなかったので、みんなこの蚕卵紙を購入してカイコを育てていました。19世紀のヨーロッパでは微粒子病というカイコの伝染病が蔓延し、養蚕業が壊滅的な被害を受けていたので、生糸だけではなく、この蚕種も日本の重要な輸出品でした。

カイコは、卵から孵ったばかりは白くありません。全身を黒い毛で覆われた2～3㎜程度の初齢幼虫で、その見た目から毛蚕や蟻蚕と呼ばれています。

本当に小さくてか弱いので養蚕農家は細かく刻んだクワの葉を与えます。カイコは基本的にクワの葉しか食べません。3日ほど経つとクワを食べるのをやめて動かなくなります。この状態は「眠《みん》」と呼ばれ、カイコの脱皮の前には毎回この眠があります。もう少し大きい幼虫だと、ただ動かなくなっているだけではなく、頭をもたげてワナワナと震えているような不思議な動きをしているのを観察することができます。

眠に入って1日ほど経つと脱皮をして2齢幼虫になります。2齢幼虫になると見た目はすっかり私たちの知っているカイコに近づきますが、まだ大きさは、1㎝程度しかありません。また3日ほど経つと眠に入り、脱皮をします。クワを食べて、眠に入り、脱皮をすることの繰り返しで5齢幼虫になると、体長は7㎝ほどまで成長し、体重は初齢幼虫の1万倍にもなります。ここまで大きくなるのに卵から孵化してから、わずか25日ほどしかかかりません。

5齢幼虫になって1週間ほど経つと真っ白だった体が飴色に透き通って、今度は、少し小さくなります。この状態になったカイコを熟蚕といいます。飴色に見えるのは、絹糸の元になる物質が透けて見えるからです。

熟蚕は、繭を作る直前のカイコで、餌を食べなくなり、変態する場所を求めて、ウロウロと歩き回るようになります。「まぶし」と呼ばれる繭の足場になる紙や藁でできた支えを入れてあげると、気に入った場所を見つけたカイコは糸を吐いて足場を作り、たった1本の糸を紡ぎ続けて器用に繭を作り始めます。作り始めはレースのように透けていて柔らかそうに見えますが、2～3日程度経つと小さくキュッとまとまって、真っ白で中身の見えない繭ができあがります。カイコはこの中で最後の脱皮をして茶色のサナギになり、2週間ほどで成虫になります。

養蚕では、サナギになって8〜10日ほど経ったところで、繭をまぶしから外します。この作業を「繭掻き」といいます。外した繭をつまんで振ってみると、カラコロとサナギが中で転がっている音がします。やがて、成虫になったカイコは、糸を柔らかくする酵素を口から出して、繭を頭で押し上げて外に出てきます。飛ぶことはできませんが、曲線の美しい白い翅を繭の外で伸ばし、体が乾くと交尾の相手を探します。メスがお尻から黄色いフェロモン腺を出して匂い物質を出すと、オスは翅をばたつかせてメスに向かって一目散に歩いていきます。

ところが、一般的な養蚕ではここまで辿り着くことはありません。カイコの成虫が出てくると、絹糸がちぎれて商品にならないので、繭のうちに鍋で煮て糸をとってしまうのです。こういうわけでカイコは最も身近な昆虫でありながら、その生涯の全てを観察する機会の少ない昆虫でした。残念ながら現在、日本の養蚕業は衰退の一途を辿っていますが、だからこそ、法律による制限もなくなり、単なるペットとしてカイコの成長を見守れる時代になったとも言えます。身近にクワがないという人でも簡単に飼育できる抹茶羊羹のような人工餌も開発されています。ぜひ、今年はカイコと一緒に暮らして、5000年前から人々を惹きつけてやまない美しい変態の目撃者になってみませんか？

脱皮したての白く美しいゴキブリ

フシギすぎ！
10

ゴキブリって、本当にキュートなんです！

私がカイコの次に変態をよく見ているのはゴキブリの変態です。もちろん、その変態を全て目撃できたわけではありませんが、一時期は400匹ほどのゴキブリを育てていました。かなり小さい村だと人口が400人程度らしいので、ちょっとしたゴキブリ村の村長のように生きていました。

ゴキブリをはじめ、様々な昆虫村の村長として生きていると、日常生活のなかでもヒヤリとすることがあります。ある夜、ベッドに入って電気を消すと、ガサガサガサッと何かが動いて床を這いずり回る音が聞こえてきました。虫は1つも怖くないけれど、お化けだけはどんなに小さくて可愛いのでも無理という怖がりの私は、必死に目を瞑って、何もなかったことにして寝ました。

翌朝、シャワーを浴びようと浴室に入ると、巨大な黒い塊が見えました。目の悪かった私は、ゴキブリが逃げ出したのかと思って慌てて眼鏡をかけて、再度対峙したところ、予想よりずっと早く羽化してきたギラファノコギリクワガタが白いタイルの上で堂々と私を威嚇していました。ギラファノコギリクワガタとは、世界最長のクワガタで、長い大顎をもつことから、「キリン」を意味する「giraffa」という名前がつけられました。早めに羽化したそのギラファノコギリクワガタは、その力強い大顎で菌糸瓶をこじ開けて出てきて、私の部屋をガサガサガサガサと闊歩していたのです。

お化けでもゴキブリでもなくてよかったなあと胸を撫で下ろしました。ギラファノコギリクワガタであれば、数も正確に把握していたので、逃げ出しても取り返しがつきますが、ゴキブリはあまりに数が多いこともあり、増えたり減ったりを繰り返していて、正確な数を常に把握できているわけではなく、逃げ出したとあれば一大事でした。特に私が飼っていたゴキブリは海外のゴキブリで、日本には生息していないものなので、もし、家の外まで逃げてしまっていたら、大変なことです。

私が今までに飼ったことがあるゴキブリは、マダガスカルオオゴキブリ、アルゼンチンモリゴキブリ、ドミノローチ、グリーンバナナローチ、レッドローチです。特にたくさん飼っていた、思い出深いゴキブリはマダガスカルオオゴキブリで、人にその可愛さを説明するときには、「平たくて大きなダンゴムシ」「カブトムシっぽさがある」「ナウシカの王蟲《おうむ》のような」と言っていました。つまり、多くの人が思い描くゴキブリの姿からはかけ離れているということです。動きもかなりゆっくりで、真っ直ぐ伸びた触覚をピコピコと動かしながら歩く姿がキュートなゴキブリです。そして、マダガスカルオオゴキブリには珍しいある特技をもっています。それは鳴き声です。威嚇や求愛の際に気門から空気を出して「シューッ！　シューッ！」という音を出します。

最初は、メスの「ブリオッシュ」と「ブリトニー」、オスの「ブリヂストン」の3匹から始まったのですが、ある日、飼育ケージを覗いたら新顔の子ゴキブリが40匹増えていました。マダガスカルオオゴキブリは、卵胎生という珍しい繁殖方法なので、本当にある日突然子ゴキブリが増えているように見えました。卵胎生というのは、一度卵を産み、その卵をお腹の中で孵して、幼虫の形で外に出すものです。思いがけず、初めて出会ったマダガスカルオオゴキブリの幼虫は、まだ体が白く、黒い目がつぶらでゴキブリというよりはダイオウグソクムシに似ていました。

これが私のゴキブリ沼の歴史の1ページ目です。色がついてすっかり小さなゴキブリの群れになった写真をよかれと思って、SNSにあげたところ、昆虫が苦手な友人には叱られ、フォロワーはごっそりと減りました。

ゴキブリには人を惹きつけるポテンシャルもある

2番目に多く飼っていたのは、アルゼンチンモリゴキブリです。爬虫類や魚類の餌としても人気で、ペットショップでお目にかかることも多いゴキブリです。変態が面白いのは断然、このアルゼンチンモリゴキブリでした。ゴキブリは不完全変態の昆虫なので、完全変態の昆虫にくらべると、幼虫と成虫の見た目の差が少ないのですが、アルゼンチンモリゴキブリは、変態によって、性別がとてもわかりやすくなるのです。細かく見ると、幼虫の頃からお尻の部分の形状にわずかにオスとメスの違いがあるのですが、わかりづらいのと大抵オスメスどちらでも問題がないので、混ぜこぜで販売されています。彼らは、成虫になると、オスは長く立派な翅をもち、日本に暮らす人が思い描くようなゴキブリらしい姿になるのですが、メスは成虫になっても、幼虫の頃と変わらず、肩パットのような小さな前翅しかもちません。オスは立派な翅をもちますが、飛ぶことはせず、求愛行動のときに使うだけだそうです。

このように、オスとメスで形や大きさ、色といった見た目が大きく異なる生き物を「性的二形」といいます。昆虫でわかりやすいのは、角のあるカブトムシや色の違うオオムラサキです。

アルゼンチンモリゴキブリは、生まれてから3〜5ヶ月程度の間に5〜6回の脱皮を繰り返して成虫になります。茶褐色の殻を脱ぎ捨てると、ウェディングドレスのような純白に透き通るゴキブリが出現します。時間と共に、この美しい白は失われてしまうのですが、この美しい姿をモチーフとして考案されたと考えられる「フェローチェ」というポケモンを初めて見たときは感動しました。

ゴキブリには、今嫌われているのと同じくらい、人を惹きつけるポテンシャルもあると堅く信じています。ちなみに、この白いゴキブリは、タランチュラやヒョウモントカゲモドキといった捕食者には大人気です。実は、私もその気持ちがわかります。

一度、イベントで昆虫食の審査員を務めたことがあるのですが、その際に食べた中で一番記憶に残っているのが、この脱皮したての白いアルゼンチンモリゴキブリだけを集めてテリーヌのように固め、周りにベーコンを巻いた、白にピンクが映える大変おしゃれな料理です。殻も柔らかいので口当たりもよく絶品でした。またいつか食べてみたいと思うのですが、あれだけの数の脱皮したてのゴキブリを集める努力に思いを馳せると気軽に食べたいと口に出せない凄みがあります。

ずーっと
姿の変わらない
無変態のシミ

フシギすぎ！
11

本物の「本の虫」

昆虫の変態を大きく分類すると「完全変態」と「不完全変態」に分かれます。例外でありながら、全ての始まりであるのが「無変態」です。昆虫が地球上に初めて現れたとき、まだ彼らは変態というライフステージを経験しない無変態の生き物でした。人類登場時には、これらの変態は全て出揃っていたので、正確に言えば、違うと思われるのですが、一種のレトロニムのようにも思えます。レトロニムとは、例えば、デジタルカメラが登場したことによって、かつては単に「カメラ」と呼ばれていたものが、呼び分けるためにフィルムカメラと呼ばれるようになることです。他にもサイレント映画、白黒テレビ、焼き八橋などがありますね。変態する昆虫が現れなければ、無変態の昆虫は、「変態しない昆虫だなあ」と思われることはなかったでしょう。

かつては、無変態の昆虫しか存在しなかったのに、現在、生き残っている無変態の昆虫は、シミとイシノミだけです。トビムシやコムシといった、時代によって昆虫に分類されたりされなかったりする六脚類の生き物も無変態です。昆虫は「成虫の頭・胸・腹の3部がはっきり分かれ、胸に3対の脚がある」という定義に加え、「2対の翅をもつ」

という説明が加わることがありますが、シミやイシノミは変態しないので、当然、翅をもっていません。

シミは、3億年前からほとんど姿を変えていない、原始的な特徴を残した昆虫です。日本語では、「紙魚」という美しい漢字が当てられています。よく本を読む人、さらに昆虫が好きだったりすると一度は「本の虫」と言われたことがあるのではないかなと思います。この本を読んでくれている皆さんはきっと心当たりがあるのではないでしょうか？

シミは紙を食べるため、古い本を手にとると出くわすことがある、本物の「本の虫」です。紙の表面を舐めるように食べていくので、しばしば、貴重な古い資料の文字が読めなくなってしまうという被害を及ぼします。情報を食べられてしまうと考えると、コンピューター業界で予期せぬエラーを意味する言葉である「バグ」の本物ともいえるかもしれません。紙以外にも、衣類の繊維やコーヒー、小麦粉や砂糖、接着剤や髪の毛などかなり幅広く色んなものを食べます。もし、この風変わりな昆虫を飼育してみたいと思ったならば、ティッシュや金魚・熱帯魚用のフードを餌にするとよいそうです。一見、水分補給しないように見えますが、実はこっそりお尻から水分を補給しているので程よい湿り気も必要です。

変態はしないが、死ぬまで脱皮し続ける

紙を食べる魚のような見た目・動きの昆虫なので、「紙魚」といいます。私は、初めて見たときにあまり魚っぽいとは思えず、ずっとシミのどこが魚っぽいのだろうと考えていたのですが、最近になって、昔、ミャンマーの湖で買った銀細工の動く魚のチャームにとてもよく似ていることに気付きました。滑らかに動く帷子《かたびら》のような体と銀色の体色が魚っぽいのですね。シミの体は、銀色の鱗粉で覆われています。そのため、英語では「silver fish」というこれまた美しい名前が付けられています。「本を食べる」「紙魚」「silver fish」という情報だけに触れると、なんだかアンニュイで素敵なイメージですが、実物のシミは、最大でも10㎜程度の、小さくて地味な昆虫です。化石では6㎝ほどのものも発見されているそうです。まだ恐竜すらも地球上に登場していなかった時代からシミはずっと変わらない姿で生きてきました。シミの生涯を通してもその姿は変わりません。

無変態とは、卵から孵ったその瞬間から成虫になって死ぬまで、外部生殖器以外、姿形を全く変えない変態様式です。変態をしない変態様式というのもなんだか不思議な説明ですが、とにかくそういうことになっています。

不完全変態や完全変態のような、変態をする変態様式の昆虫は、変態が最後の脱皮となり、成虫になってからは脱皮して大きくなることがありません。たまに立派な大顎をもつクワガタを「サナギから出てきて2年目のクワガタだから」という人がいますが、おそらく哺乳類のシカの角と混ざっているのでしょう。昆虫の場合は、主に幼虫のときに食べた餌の量で成虫の大きさが決まり、成虫になってから成長することはありません。ところが、無変態のシミは成虫になっても死ぬまで脱皮をし続けます。節足動物のサワガニやロブスターも大人になっても脱皮を続ける生き物です。

シミは、孵化して1年以内に4回程度脱皮をすることで成虫になります。比較的寿命の長い昆虫で、セイヨウシミを例に挙げると最大で7～8年生きるといわれています。

生き物にとって脱皮は命がけです。大変なエネルギーを使いますし、脱皮に失敗して死んでしまうこともよくあります。その上、脱皮中や脱皮直後に天敵に襲われたら、逃げたり抵抗したりすることができず、ただ食べられていくだけという大変ハイリスクな行為です。もちろん、もっと体を大きくしたり、少々の怪我なら治せたりするといったメリットもありますが、十分に成長し、成熟した後は脱皮しない生き物が多いと考えられています。

それでは、なぜ、シミは、成虫になってからも脱皮を繰り返すのでしょうか？　厳密な正解はまだ見つかっていませんが、シミの場合、卵や精子が成熟するサイクルと脱皮のサイクルが一致していることが関係しているといわれています。成虫になったからといって無尽蔵に卵を産み続けられるわけではなく、1回の脱皮につき、1回交配して卵を産むことができるようになっているのです。

しばしば、「進化」という言葉は、「よくなっていくこと」だと思われています。しかし、生物における「進化」は、「よくなっていくこと」という意味をもちません。ずっと変わらないシミの姿を見ていると、生き物たちは、様々な変化を遂げたり、遂げなかったりして、今同じ時代に辿り着き、ひとつの地球を分かち合って生きているだけであるということが伝わってくるような気がします。

サナギを乗っ取るハチ

フシギすぎ！

12

チョウのサナギをもち帰って、羽化する日を今か今かと楽しみに待っていたら、ある日、チョウとは似ても似つかぬハチが出てきて困惑するという経験をしたことがある虫好きは少なくないと思います。彼らの正体は寄生バチです。チョウをぺろっと丸ごと食べてしまう鳥や小動物だけでなく、内部から食い尽くしてくる寄生バチもまた、チョウの天敵として君臨しています。「内部から災いを起こす者、裏切り者」を意味する「獅子身中の虫」という言葉がありますが、「虫身中の虫」といったところでしょうか。

寄生とは、ある生き物が他の生き物の体表や体内に住みつき、栄養や水を一方的に奪って生活する関係をいいます。ウシやヒトのような大きな動物であれば、不快ではありつつも命に別状のないことも多くありますが、昆虫の場合、寄生されたら、大抵、宿主となった生き物は死んでしまいます。前述のハチが出てきたチョウのサナギも、羽化してくるのは、ハチだけで、チョウが羽化してくることはありません。

丈夫な殻の中で安心して成虫になることができる状態であるはずのサナギですが、一旦内部に侵入を許してしまうと、逃げ場がありません。幼虫の時点で寄生することもありますし、サナギになった直後の柔らかい時期を狙われて寄生されることもあります。そして、寄生する昆虫にとっては、サナギは食べものが尽きない、安全な家となります。サナギに寄生する虫に多いのは、ハエかハチの仲間です。ヤドリバエ、コバチ、コマユバチ、ヒメバチなどが代表的な種類として存在します。その歴史は古く、中生代初期には存在したと考えられ、3500万年前のハエのサナギ化石の中から寄生バチが見つかったという記録もあります。なかなか変わった生態に思えますが、寄生バチの仲間は種類がとても多く、昆虫類約1000万種の中の約20%を占めると推定されています。哺乳類が約5500種であることを考えると、変わっているのはむしろ、わたしたちの方といえるでしょう。

2 種類の寄生方法

寄生バチの中でも、宿主のサナギの中で、自らもサナギへと変態し、直接、宿主サナギから出てくるように見えるものと宿主のサナギから出て繭を作り、変態するものがいます。

前者のタイプでよく見かけるのがアゲハヒメバチです。私が子供の頃出会ったのもアゲハヒメバチでした。まず、彼らはアゲハチョウの幼虫に卵を産みつけます。寄生されたアゲハチョウは、幼虫の間は、寄生されているとは思えないほど、順調に成長しますが、サナギになったタイミングでアゲハヒメバチが牙を剥きます。サナギの中身を食べ尽くして、まるで元々の主人かのようにアゲハチョウのサナギにぴったり収まる形でサナギになり、羽化すると、アゲハチョウのサナギを丸く食い破って出てきます。

宿主がいなくなってしまうことは、いずれ寄生バエや寄生バチも生きていけなくなることを意味するので、大抵は、上手いこと宿主と寄生虫のバランスがとれているのですが、上手くいかないこともあります。例えば、1990年代半ばに入ってきたオオミノガヤドリバエによって、日本の一部地域のオオミノガが壊滅的な被害を受けているという報告があります。

1995年生まれの私は、まさにオオミノガが減りゆく様子を肌で感じてきました。子供の頃、オオミノガはまだまだよくいる昆虫で、遊び図鑑には、オオミノガに毛糸や折り紙のミノを纏わせる遊びが載っていたくらいでした。しかしながら、現在、私の育った神奈川県では、絶滅危惧Ⅱ類に指定されています。それでも、一時期よりは回復傾向にあるといいます。元々、中国での農作物の害虫防除のために人工的に移入した個体が日本に侵入したと考えられています。しかし、実は、古くから親しまれているオオミノガも中国原産の外来種なのです。江戸時代に武蔵石寿《むさしせきじゅ》によって作られた日本最古の昆虫標本には、オオミノガの標本も収録されています。

寄生する生き物は、どうしても、人間から見たとき、「寄生」という言葉のもつイメージによって、悪役として扱われがちですが、寄生虫自体に罪はありません。生態系は「食べる」「食べられる」といった関係の中で関与し合い、絶妙なバランスを保っているものなので、特定の生き物にとって天敵となる寄生バチや寄生バエがいるからこそ、安定した生態系が保たれているのです。

「宝石バチ」と呼ばれる寄生バチ

初めての出会いがショッキングなものだったので、幼い頃は、寄生バチや寄生バエに悪感情を抱いていましたが、ある日出会った、美しいハチが寄生バチだったことから、今は彼らに興味津々です。

私が一目惚れしたハチは「セイボウ」の仲間で、メタリックブルーの体色から「宝石バチ」といわれることもある美麗種です。2018年に国立科学博物館の特別展「昆虫」でこのセイボウの新種に来場者1人の名前をつけるというキャンペーンが行われた際は、一生の運のうち10分の1くらい使ってもいいのでなんとか当たらないかと願っていましたが、残念ながら縁がありませんでした。

セイボウの代表的な種であるオオセイボウは、幼虫やサナギの体内に寄生する種類ではなく、他種のハチの巣に寄生して幼虫やそのハチが集めた餌を食べて成長します。スタイリッシュな体格と青緑の金属光沢が美しい「エメラルドゴキブリバチ」も寄生バチです。ゴキブリに毒液を注入して操り、巣につれて帰ると、卵を産みつけ、生きたまま幼虫の餌とするという、おどろおどろしい生態の持ち主ですが、もし、私がゴキブリに生まれていたら、そんな最期を迎えてもいいと思わせるくらい魅力的なハチです。ただ、本当にゴキブリに生まれ変わった場合は、人間の私とは、感性も変わるだろうし、それどころではないとも思うので、もう一度希望を聞き直してほしいです。

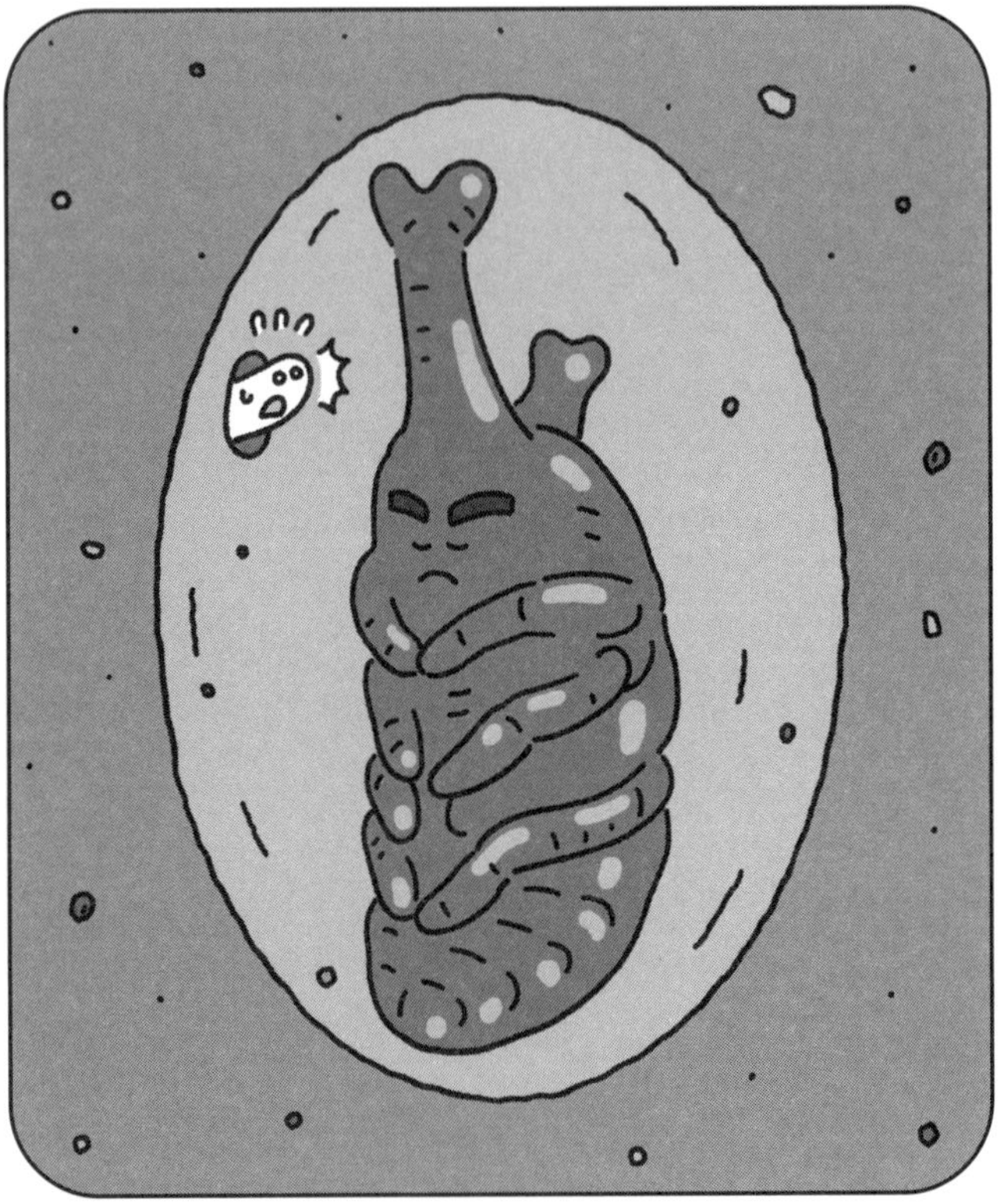

立派な角を隠しもつ カブトムシの サナギ

フシギすぎ！

13

意外と知られていないカブトムシの変態

飼育したことがある昆虫のアンケートをとったら、おそらく1位に輝くであろう昆虫、カブトムシ。好きな昆虫のランキングを見ても大抵1位か2位にいますし、小学生を対象とした「好きな生き物」という大きな括りのアンケートでも、イヌやネコ、ハムスターといった人気の哺乳類に混ざって、見事ランクインしていました。個人的には、クワガタ派なのですが、夏にカブトムシを偶然見かけると、得した気持ちになります。カブトムシという名前は、オスの立派な角が武具の兜に似ていることに由来しています。

この名称は、東京では江戸時代くらいから使われていて、別名としてサイカチムシとも呼ばれてきました。サイカチは植物の名前で、カブトムシがこの木の樹液を好むことに由来するといわれています。地方や時代によって同じ昆虫でも様々な呼び名がありますす。他にも、その見た目から、ツノムシやオニムシと呼ばれることもあります。私の曽祖母は、栃木県の出身なのですが、マグソムシと呼んでいたそうです。あんまりな名前ですし、ごく一部の地域でしか聞かない名前なので不思議に思っています。馬フンなどに集まるフンチュウの仲間には、同じコガネムシ科の昆虫だけあってか、サイズはだいぶ小さいのですが、カブトムシによく似た姿をしたものがいるので、それと混ざったのかなと考えています。真相は未だわかっておりません。

飼育したことがある人は多いはずなのに、チョウやセミなどにくらべると実際にカブトムシの変態を見たことがあるという人は多くないでしょう。それはカブトムシが幼虫からサナギの間を、腐葉土という落ち葉が発酵してできた土の中で過ごすからです。腐葉土は、カブトムシの幼虫にとって過ごしやすい湿度を保ってくれる快適な住処であり、同時に成長するための餌です。

幼虫は、この腐葉土の中から取り出されるのを好みませんし、サナギを観察しようとしたら、せっかくカブトムシが作り上げた快適な蛹室を壊してしまうことになるので、変態の観察を諦めて、夏に立派なカブトムシが腐葉土から出てくるのを楽しみに待つ人が多いでしょう。もちろん、楽しみに待つのも素敵なことですし、その方が無事に羽化する確率も高いです。けれど、タイミングを見計らって人工蛹室で育てることでカブトムシの変態を全て観察することができるのでやってみたい人は、特別編のクワガタの変態の観察を参考にしながら、カブトムシの変態の観察にもチャレンジしてみてください。

角はいつできあがる？

カブトムシは、完全変態の昆虫です。幼虫は、成虫とは全く似ていないまんまる頭のイモムシです。成虫になると一目瞭然なのに、幼虫の時点では、オスとメスを見分けるのは困難です。お尻の辺りが少し違うので、顔ではなく、お尻で見分けます。では、カブトムシはどの段階で、あの特徴的な角を手に入れるのでしょうか？

カブトムシの幼虫は2回脱皮を行い、3回目の脱皮でサナギになります。気温が20度を超えるくらいになると、体から分泌液を出して、周りの土を塗り固めて、縦長の蛹室を作ります。カブトムシは、腐葉土の中で頭を上にして、立っているときの人間のように、地面に対して垂直にサナギになるのです。作り始めて大体2日程度で蛹室が完成します。この時期は特に繊細なので、刺激を与えないように気をつけましょう。

蛹室ができると、幼虫の体が黄ばんだような色になり、皮膚もシワシワになって、ほとんど動かなくなります。これがカブトムシの前蛹の状態です。前蛹として5日程度過ごすと、脱皮してサナギになります。幼虫の皮を脱ぎ捨て、サナギになった途端、突然、カブトムシの角が現れます。カブトムシのサナギは、成虫を飴細工で作ったような見た目をしています。脱皮したてのときは、ミルキーのようなクリーム色で、時間が経つにつれてべっこう飴のような色になり、羽化の直前になると、黒飴のような深い色になります。

カブトムシの幼虫は、一体いつから、あの丸い頭にどうやって、これほど立派な角を隠しもっていたのでしょうか。カブトムシの角の元は、前蛹のときに作られます。前蛹の時期にトランスフォーマー遺伝子という、カブトムシの角を作るための遺伝子が働き始めることが近年の研究によって明らかになりました。このトランスフォーマー遺伝子が働くとメスに、働かないとオスになるそうです。ですので、この遺伝子の働きを抑制すると、メスのカブトムシにもオスのような立派な角が形成されます。カブトムシのオスは、餌場やメスを巡った戦いのためにこの角を使います。

同じく人気の昆虫であるクワガタもその見た目からツノムシやオニムシと呼ばれることがありますが、カブトムシの角とクワガタの大顎は全く成り立ちが違います。クワガタの角は、発達した大顎なので、幼虫の時点で顔立ちからも、メスかオスかを予想することができます。クワガタのオスはカブトムシ同様、戦いのために大顎を使いますが、メスは小さく尖った大顎を産卵時に木に穴を開けるために使います。派手なのはオスの大顎ですが、挟まれると痛いのは断然メスの大顎です。

実は、カブトムシの角は、しぼんだ紙風船のような形で折り畳まれて、前蛹の頭に収まっているのです。この袋状の構造を角原基といいます。サナギになるときに、角原基に一気に体液を流し込むことによって、ごくわずかな時間で立派な角が現れるという仕組みです。この角原基を取り出して、人為的に空気を送り込むと、バルーンアートのようにカブトムシの角の形が現れます。

魔法のように一瞬で目を見張るような変化を起こす変態には、まだまだ色々な不思議が隠されています。

オスだけ変態するミノムシ

フシギすぎ！
14

ミノ＝サナギ？

1行目から裏切ってしまうのですが、メスも変態しています。より正確に説明するならば、「オスだけ変態しているように見えるミノムシ」になるでしょう。ついでに言うならば、ミノムシという名前の虫も存在しません。ミノムシは、ミノガ、特にオオミノガやチャミノガの幼虫またはメスの成虫を指す通称です。今では、昔話の中や博物館くらいでしか目にしなくなった日本の伝統的な防寒具「みの」に、見た目が似ていることから、「ミノムシ」と呼ばれるようになりました。「みの」は菅や稲の茎、藤や棕櫚の樹皮を編んで作られているので、ミノムシとみのの作られ方もよく似ています。名前も相まって日本的なイメージが強い「ミノガ」が、極地や砂漠を除いて広く分布し、世界では約1000種、日本では約50種が生息しています。英語では、袋やカバンを意味する「bagworm」の名前で呼ばれています。

古来、日本で親しまれてきた昆虫で、文学作品にもその姿が描かれています。『枕草子』には、ミノムシについて書いた次のような文章が残されています。

みのむし、いとあはれなり。鬼の生みたりければ、親に似て、これもおそろしき心あらむとて、親のあやしき衣ひき着せて、「いま秋風吹かむ折ぞ来むとする。待てよ。」と言ひおきて、逃げて去にけるも知らず、風の音を聞き知りて、八月ばかりになれば、「ちちよ、ちちよ。」とはかなげに鳴く、いみじうあはれなり。

清少納言は、ミノムシはボロを着せられ捨てられた鬼の子で、「父よ、父よ」とないているので可哀想だ、と考えたのです。もちろん、ミノムシの親は、鬼ではなくミノガですし、ミノムシは鳴かない昆虫です。そして、この鳴き声は、カネタタキの「チン、チン、チン」だと考えられています。しかし、ミノムシが母ではなく、父を求めている点は、ミノガの生態と照らし合わせても、非常に興味深いものです。ちなみに高浜虚子も「蓑虫の父よと鳴きて母もなし」という句を残しています。

その形状から、みの＝サナギだと思われることも多いですが、ミノは、巣に近い存在です。寝袋とテントの中間のような存在だと考えてください。ヤドカリの貝殻のように、ミノを背負って動くこともできるし、大きさに合わせて作り替えることもできるので、ミノを剥がされても死ぬことはありません。

天敵からミノガを救った意外なもの

初夏に生まれたミノガの幼虫は、糸を垂らし風に乗って移動します。木の葉の上や枝の上に辿り着いた幼虫は、口から糸を出して枯れ葉や枝をつなぎ合わせてミノを作ります。巾着袋のように、上の空いた構造になっていて、幼虫のうちは、枝に近い方を頭にして、ミノの中から顔を出して葉っぱを食べたり、移動したりして暮らします。ミノムシは7回の脱皮を繰り返しながら少しずつ大きくなりますが、少しずつ体の大きさに合わせてミノを作り足し、終齢幼虫で冬を越します。冬が近づくと、寒さに耐えるために、さらにミノを分厚く強化してミノの口もぎゅっと閉じます。春を迎え、初夏に近づく頃にサナギになり、あとは、成虫になるのを待つばかりといったところで、大きな困難が待ち受けています。

日本のオオミノガには寄生バチのところで扱った、オオミノガヤドリバエという強力な天敵がいます。幼虫が食べる葉っぱに産み付けられていた小さな小さな卵が知らないうちに体内に潜んでいて、オオミノガがサナギになる直前に体を飛び出し、ミノの中でサナギになるのです。オオミノガヤドリバエの被害がピークに達していた2000年の高知県では、オオミノガのオオミノガヤドリバエ寄生率が90％を超えていたという報告があります。もはやこれまでかというところまで追い詰められたオオミノガですが、2008年の調査では、寄生率は68・3％まで下がっていたそうです。オオミノガの救世主となったと考えられているのは、寄生バチでした。オオミノガヤドリバエに寄生するハチによってオオミノガヤドリバエの数が減り、結果として、オオミノガの生存率が上がったのです。なんだかマトリョーシカみたいですね。

無事に様々な苦難を乗り越えた幸運なミノガは、今度は幼虫のときとは、反対で枝の方にお尻を向けた姿勢でサナギになります。4月終わりから5月初め頃、羽化するのですが、オスは翅をもったガらしい姿に、メスは翅をもたず、体のほとんどを卵の詰まった腹部が占めるごろっとしたイモムシ状の姿になるのです。性的二形の中でも、かなり極端な形で分かれている例だといえるでしょう。そして、そのごろっとした姿のままで、フェロモンを出し、オスを自分のミノまで呼び寄せます。翅を手に入れたオスは、フェロモンを頼りにメスを探し、ミノの下部から交尾器を差し込んで交尾します。メスの交尾器は頭部付近にあるので、オスはミノの一番深いところまで交尾器を長く長く伸ばします。

ミノガの成虫は、オスもメスも口が退化しているので、非常に短命です。オスは交尾を済ませるとすぐに死んでしまいます。メスは、交尾の後、ミノの中にたくさんの卵を産みつけて、幼虫が孵化するのを待たず、小さくしなびて、やがてミノから落下していきます。変態のもつ役割について「成虫は飛ぶ生殖器」と説明しましたが、ミノガのメスの場合、「飛ばせる生殖器」といったところでしょうか。

ミノムシは、父も母も知らずに成長します。しかし、これは寿命の短い昆虫にとってはさほど珍しいことではありません。しかし、呼んだときに飛んできてくれる可能性があるのは、飛翔能力をもつ父のみであることを考えると、冒頭の『枕草子』のミノムシの描写も違った見え方ができる気がします。

ミルクを出す
アリのサナギ

フシギすぎ！
15

孤独に見えるサナギ期

人間をはじめとして、群れで生活する哺乳類は、孤独がストレスになります。ストレスへの耐性を調べるために行う動物行動学の実験で、ある確立された手法によってストレス負荷を与えるテストを行うことがあります。もちろん、倫理審査を通過したテストに限定されます。泳がせたり、拘束して自由に動けなくさせたりといったストレスのかけ方もありますが、それより幾分かマイルドな手段に思えるのに、1匹で飼育して孤独にさせるという方法もストレス負荷実験として確立されています。社交的な性格でもなく、毎日会社に通うわけでもない私は、人間としては、比較的孤独な個体だと思います。

その私から見ても、人間の価値観からすると、昆虫というのは、孤独な生き物だと感じます。孤独でなさそうな昆虫は、越冬中のカメムシやテントウムシ、一部のゴキブリ、アリやハチといった真社会性（繁殖を行う個体と行わない個体に分かれ、高度な分業でコロニーを運営する性質）の昆虫くらいではないでしょうか。

とりわけ、サナギは孤独であるように思われます。自分から仲間の元に歩み寄ることもできず、外部から受け取れる情報も少ないのです。成虫になれば、コミュニティーの一員として、仲間と協働しながら生きるアリやハチですら、サナギの期間はクチクラ層によって社会と隔絶されているように見えます。やはり、サナギは、社会と切り離された孤独な存在なのでしょうか。

子育て熱心なアリ

実は、そうとも言えません。アリのサナギは、ある独特な方法でコミュニティーに貢献しています。

アリは、完全変態の昆虫です。私たちがよく目にする姿には、翅がないので完全変態らしくない印象がありますが、春から夏にかけての時期には、婚姻飛行で巣穴を飛び出した、翅のある新女王アリとオスアリを見ることができます。空中で交尾を済ませると、オスアリは死に、新女王アリは地上に降りて、自ら翅を切り落とすので、翅をもっている期間はごくわずかです。アリは、ミツバチやスズメバチと異なり、巣房に1つずつ卵を産みつけるのではなく、巣の中に保育園のような、卵を1ヶ所に集めておく子育て部屋があり、そこでまとめて卵の世話をします。コロニーが発達する前は、女王アリが卵から成虫になるまでの世話をしますが、ある程度働きアリが育ってくると、若い成虫が主に子育て業務を担います。

アリは、昆虫には珍しく子育て熱心な生き物です。ミツバチと同じように安全な巣の中で世話係の成虫から餌をもらい、成虫になるまで苦労することなく成長することができます。ミツバチと同じように血縁関係のある姉妹のアリによって世話されるケースが多いのですが、例外もあり、アミメアリのように女王アリが存在せず、全ての個体が単為生殖で産卵する種や、クロヤマアリの巣を乗っ取ったり、幼虫やサナギを誘拐したりして、自分たちの代わりに働かせるサムライアリのような種も存在します。

サムライアリも自らの手で子育てをしないだけであって、自分たちの代わりに働かせるアリを調達するという形で子育てをしていると考えることもできます。概ね、アリという昆虫は、全体として子育て熱心な傾向にあるとはいえるでしょう。逆に言えば、アリの幼虫は、人間の赤ん坊のように大人の力を借りなければ、生きていくことができません。

２０１７年に東京大学のグループがトゲオオハリアリの子育て行動に関して面白い研究結果を報告しています。本来、昼に活動する昼行性のアリであるトゲオオハリアリは、卵や幼虫を世話している場合、24時間活動し続けるようになるというのです。ちなみにサナギを世話しているトゲオオハリアリでは、このような特徴は見られません。サナギは餌を食べないことと、トゲオオハリアリのサナギは繭に包まれているため病原菌から守られていることが要因だと考えられています。

私も、出産前、前者のトゲオオハリアリと同じく、サーカディアンリズム（生物に存在する約24時間周期の体内リズム）を無視した生活になるのだろうかとドキドキしていたのですが、なりませんでした。家族で分担した上に、親族の力も、それ以外の人の力も大いに借りています。とはいえ、「アリも、代わりに世話をするアリもたくさんいて交代する前提なのでは？」と考え、よく論文を読んでみたら、この実験は、成虫のアリ1匹に対して、1匹の卵及び幼虫という組み合わせで行われていました。トゲオオハリアリ偉大なり。

かなり脱線しましたが、アリのサナギに話を戻しましょう。成虫の献身ぶりにも目を見張りますが、サナギもまた負けていません。なんとミツツボアリやクビレハリアリといった、何種類かのアリのサナギは、体から栄養豊富な分泌液を出して、幼虫の成長や成虫の生活を支えているのです。クビレハリアリは、羽化する直前のサナギがまるで哺乳類のミルクのような液体を分泌します。この液体は、成虫も好んで摂取するほか、若い幼虫にとって重要な役割を果たす栄養源となります。成虫は、サナギの上に幼虫を置いて、分泌液を摂取させます。この液体を摂取できない幼虫には、成長障害が見られ、生存率が低くなることが確認されています。

一方、与えるだけではなく、サナギ自身にもメリットがあります。この分泌液を成虫や幼虫が摂取せず、サナギについたままになっていると、病気になって死んでしまうのです。

クビレハリアリの分泌液は、コロニー全体の健康をつなぐ1つの鍵になっているのかもしれません。変態をしない人間から見ると、幼虫と成虫、そしてその間をつなぐサナギという存在の連続性はわかりづらいものです。特に、完全変態は、果たして同じ個体といえるのだろうかと思うほどの変化を伴います。しかし、サナギもまた、一続きの時間を生きているのです。

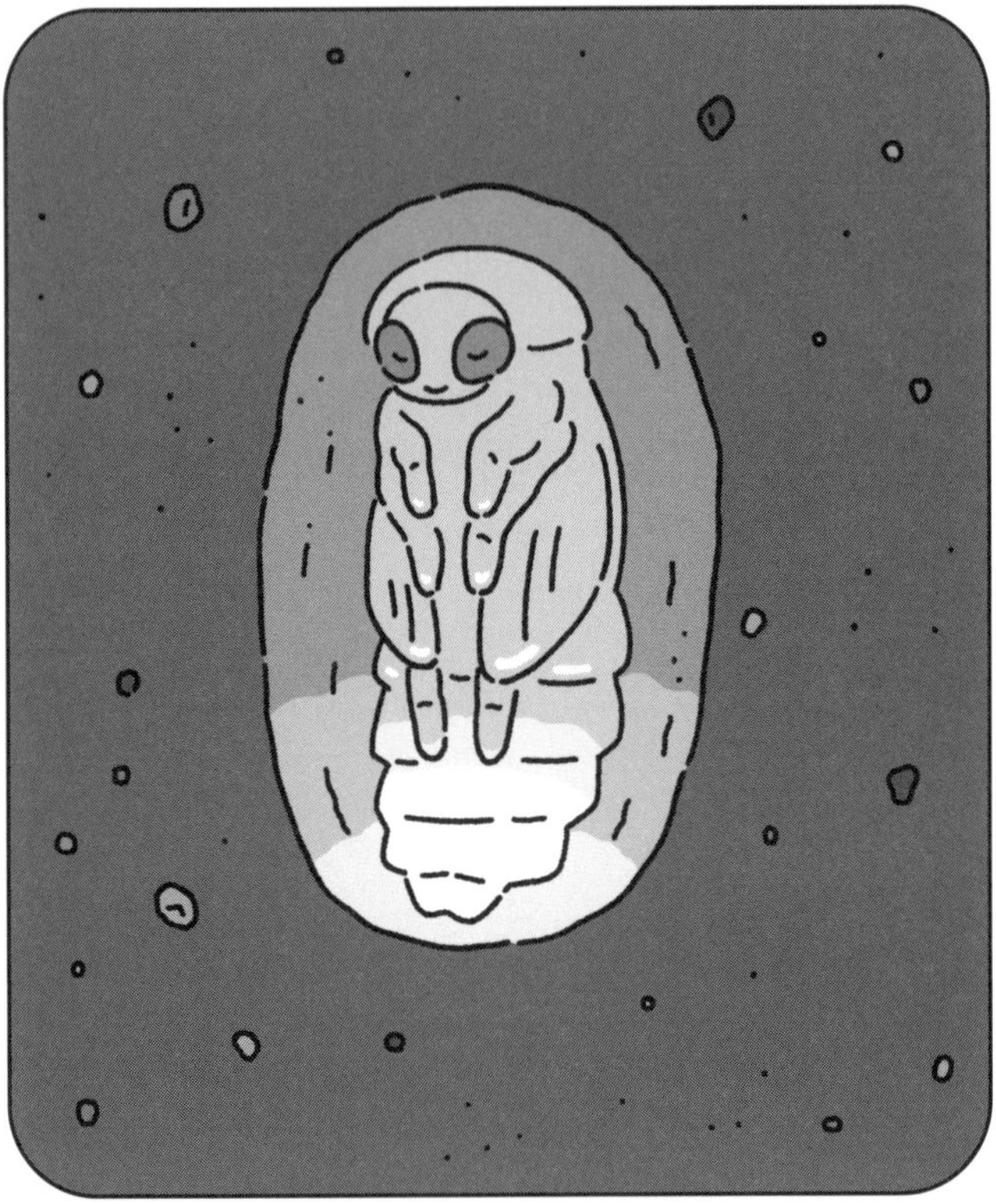

サナギも光る ホタル

フシギすぎ！ 16

ホタルの光の秘密

梅雨が明け、まだ本格的な暑さが訪れる前の夕暮れに光り輝きながら飛び交う、初夏の風物詩、ホタル。ホタルといえば、光る虫をイメージする人が多いでしょうが、実は、日本に生息している約50種のホタルの中で光るホタルはわずか10種程度です。多くの人がホタルと聞いて思い浮かべているホタルは、南は鹿児島県から北は青森県という日本の幅広い地域に生息し、とりわけ明るく光るゲンジボタルだと思います。

ホタルの成虫は、お尻に発光器をもっていて、その中のルシフェリンという物質とルシフェラーゼという物質を反応させることで光を作り出します。ホタルに先駆けて3月から5月頃の海辺を青白い光で彩るホタルイカや、5月から10月頃まで光るのを観察できるウミホタルも同じくルシフェリンとルシフェラーゼによって光を作り出しています。

この光は、「冷光」と呼ばれています。いずれも青緑や青といった寒色の光ですが、光の印象によってついた名称ではなく、実際に他の光にくらべて冷たい光だといえるのです。白熱電球を触って熱い思いをした経験がある人もいるかもしれません。しかし、ホタルを捕まえて熱い思いをしたという人は、存在しません。「冷光」とは、温度のない光です。白熱電球はエネルギーを光と熱に変換しているので光っているとき、同時に熱くなりますが、ホタルはより効率よくエネルギーを光に変えているため、熱くならないのです。

「恋に焦がれて鳴く蝉よりも、鳴かぬ蛍が身を焦がす」という歌がありますが、ホタルの光でその身が焦げることはないのです。

しかし、セミが鳴く理由とホタルが光っている理由は大体、同じです。ゲンジボタルの成虫が光る最大の目的は、オスとメスの出会いのためです。オスのホタルは、飛びながら一定間隔で明るく点滅し、メスは草にとまって控えめに光ります。この光の点滅のスピードには、同じ日本の中でも方言のような地域差があるといわれています。東日本のホタルは、約4秒に1回とゆったり光り、西日本のホタルは、約2秒に1回と忙しなく光ります。中間地点の長野県や山梨県では3秒に1回光る中間型も発見されています。九州の西、五島列島には1秒に1回点滅するかなりせっかちなゲンジボタルもいるのだとか。このように、同じゲンジボタルでも地域によって様々な差があるので、その地域でも生息が確認されているからといって、他の地域から昆虫をもち込んで放つことは、その地域固有の生態系を壊してしまうことにつながるのです。これは、ホタルの光り方のようにわかりやすく見える違いをもつ生き物以外にも同じようにいえることです。ホタルは、種類によっても光り方が異なるので、他の種類のホタル同士が引き合うことはありません。一度マレーシアのボルネオ島でホタルを見たことがあるのですが、穏やかに切なく消えいるように光る日本のホタルとは全く異なり、木を一斉にライトアップするように華やかに光っていました。

例外として、北米に生息するフォツリス・ベルシコロルというホタルのメスは、他種のホタルの光り方を真似することで、他種のホタルを誘き寄せて食べてしまうという恐ろしい変化球作戦を使います。

ホタルの輝きの謎

ホタルが光る理由は、セミが鳴く理由と大体同じと言いましたが、ホタルが光るのは、繁殖のためだけとは言い切れないのです。なぜなら、ゲンジボタルは、繁殖を行う成虫以外のライフステージでも光っているからです。

ゲンジボタルは、川の水面近くの木や石の苔に卵を産みます。卵は直径0・5㎜程度の小さなもので、この頃から、うすぼんやりと光っています。幼虫は孵化すると、川の中で育ちます。ゲンジボタルの幼虫は、黒く扁平でナマコに脚が生えたような形をしています。主にカワニナという巻き貝を食べて、水中で5回から6回の脱皮を行い、最終的には25㎜から30㎜ほどに達します。この幼虫も光っています。卵のときには、全体がうすぼんやりと光っていますが、幼虫になると、姿形は全く違うのに、成虫と同じくお尻の部分が光るのです。サナギになるときが来ると、川岸の土に潜り、3週間程度を幼虫の姿のまま過ごし、サナギへと変態します。このサナギも期待を裏切らずに光ります。ホタルの光は、体内での化学反応によるものなので、幼虫もサナギも残された脱皮殻は、全く光っていません。

そして、サナギでは、お尻だけでなく、頭の方も光っているのです。お尻の方は、より明るく黄色みがかって光り、頭の方は、柔らかく緑色に光ります。サナギのお尻と頭では発光の仕組みが違っているため、このような違いが生まれていることが近年の研究によって明らかになっていますが、まだゲンジボタルが生涯を通して光る理由については、実は、結論が出ていません。一般的には、天敵を脅かしたり、毒をもっていることを知らせるためだと考えられており、ホタルに擬態することによって天敵から身を守ろうとしていると考えられるホタルガという、ホタルそっくりのガもいます。しかし、中国に生息しているヤマカガシの仲間は、ホタルの幼虫を食べることで毒を蓄えていることも報告されていて、自然の世界の油断ならなさとままならなさを感じます。日本に生息しているヤマカガシはもっと大きく、ヒキガエルを食べることで毒を蓄えています。ちなみに先述の怖いホタル、フォツリス・ベルシコロルも毒目当てで他種のホタルを食べているそうです。

ゲンジボタルは成虫になると口が退化し、水しか飲まない体になってしまうので、あの美しい光を作り出すエネルギー源は全て幼虫のときに蓄えられたものです。

ホタルの仲間が初めて地球に登場したのは、約1億年前の白亜紀の頃。当時から発光能力をもっていたと考えられ、今のホタルとは異なり、深緑の光を放っていたと考えられています。

白亜紀で最も有名な生き物といえば、間違いなく大型肉食恐竜のティラノサウルスだと思われますが、太古の地球でティラノサウルスたちもホタルの光を見て、私たちと同じ気持ちになっていたかもしれません。

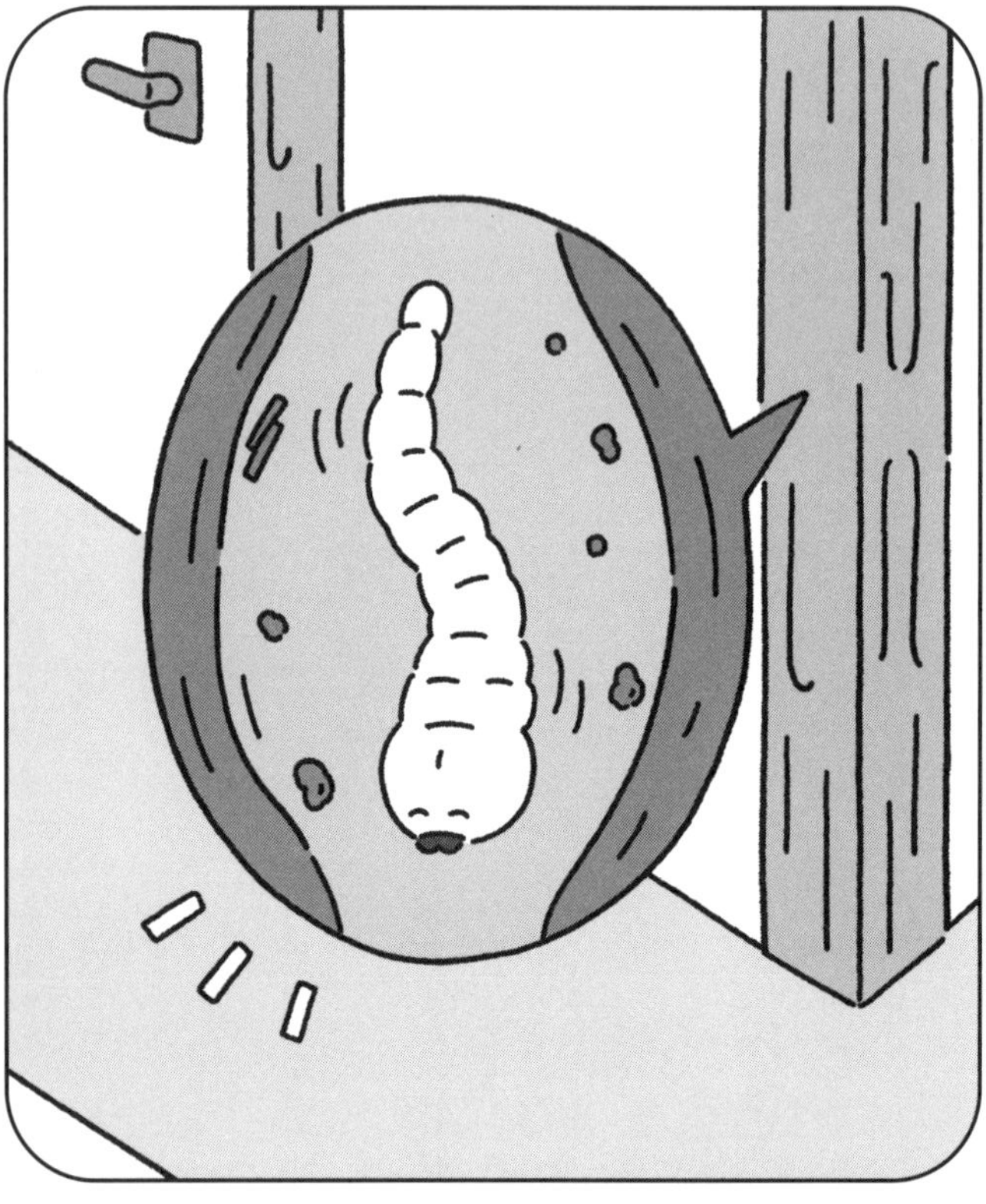

50年幼虫で過ごす アメリカアカヘリタマムシ

フシギすぎ！

17

ときを超えて、人々を魅了する美しさ

人間は大人になるまでに何年かかるでしょう？　成人するまでなら18年？　おおよその体の成長が完了するまでだともう少し短いかもしれません。精神的に成熟するまでと考えると、おそらくもっとかかるでしょう。平均寿命が延び、青年期が延長された現代においては15～30歳までを「後期子ども」とカテゴライズする考え方も登場しています。

人間は、体の大きさの割に寿命が長く、その分、子供である期間も長い動物です。人間と同じくらいの寿命をもつシロナガスクジラは、12年程度、アフリカゾウは、15年程度で大人になります。４００年以上生きると考えられているニシオンデンザメは、なんと大人になるまで１５０年くらいかかると考えられています。

昆虫は、比較的寿命の短い動物です。寿命が短いと聞くと一見、可哀想に思えたり、弱そうに思えたりするかもしれませんが、昆虫はこの寿命の短さを生かして繁栄を遂げてきました。昆虫の寿命の短さを言い換えれば、短い期間で世代を繰り返すことができるという強みになります。

哺乳類は、子供の期間よりも大人の期間の方が長いですが、昆虫は、その割合すらも

様々です。ミツバチやシロアリの女王（繁殖カースト）は、成虫になってからの期間の方がずっと長いですし、反対に、ウスバカゲロウやセミの仲間は、幼虫期間が、成虫期間よりずっと長いのです。

本稿では、とびきり幼虫期間の長いアメリカアカヘリタマムシという昆虫を紹介します。本書で今まで扱ってきた昆虫たちの幼虫期間は、カの1週間から、セミの数年間までとかなり幅がありますが、このアメリカアカヘリタマムシは、桁違いの長い時間を幼虫、あるいはサナギとして過ごした記録があります。その長さはなんと50年。

アメリカアカヘリタマムシは、1円玉に収まるほどのサイズの小さくて綺麗なタマムシです。日本で見ることができるヤマトタマムシとくらべると、短くて横に広いぽってりとした体型をしており、テクスチャーもザラザラとしているという違いがありますが、負けず劣らずの美しさです。青緑に赤いラインの入った洒落た上翅が特徴的です。タマムシの美しさは、古今東西、多くの人々の心を惹きつけてきました。

その最も有名な例が、国宝に指定されている「玉虫厨子《たまむしのずし》」でしょう。玉虫厨子は、飛鳥時代に制作された、仏像を収納しておく宮殿型の厨子です。現在はほとんど失われてしまっているのですが、周囲の装飾金具の下にタマムシの翅が張り巡らされていたことから、玉虫厨子と呼ばれています。タマムシの翅の美しい色合いは、構造色でできているので、タマムシが死んで長い時間が経ってもその美しさが損なわれないのです。玉虫厨子に使われたタマムシの数はおよそ4500匹といわれています。思わず慄いてしまうような数ですが、実は世界にはそれを凌ぐ数のタマムシで作ったアートが存在します。

ベルギーのブリュッセル王宮の広間「鏡の間」では、天井一面と巨大なシャンデリアが全て青緑に輝くタマムシの翅に覆われているのです。使われているタマムシの数はなんと約140万匹。私も一度取材で訪れたことがあるのですが、息苦しくなるような圧迫感のある美しさでした。制作者は、ベルギーを代表する芸術家であるヤン・ファーブルさんです。この名前でピンときた方もいるでしょう。昆虫好きのバイブル『ファーブル昆虫記』を記したジャン＝アンリ・ファーブルのひ孫にあたる人です。タマムシの美しさ同様に昆虫にときめく心もときを超えたのでしょうか。

50年間、隠れていた場所

タマムシの仲間は、完全変態の昆虫です。同じく木を食べて成長する甲虫である、クワガタやカミキリムシの幼虫に似ていますが、体が細長く、頭の近くが毒ヘビのコブラのように丸く大きく膨らんだシルエットの個性的な見た目をしています。成長すると木の中で成虫の形に似た乳白色のサナギに変態します。

アメリカアカヘリタマムシは、北米の森林に生息し、針葉樹に産卵し、幼虫は、木の内部に住みながら、木を食べて成長します。本来の寿命はヤマトタマムシと同じく2～4年程度です。タマムシは成虫になっても立派な顎があり、木の葉っぱを食べるのですが、成虫の寿命はさほど長くなく、幼虫期間の10分の1にも満たないほどです。これだけ聞くとアメリカアカヘリタマムシが特別に長生きな昆虫とは言い難いような気がします。では、記録に残る50年幼虫として生き延びたアメリカアカヘリタマムシの身にはどのようなことが起きたのでしょうか？

50年幼虫として生きたアメリカアカヘリタマムシは、そもそもなぜ、そんなに長く生きていることがわかったのでしょうか？　ペットとして飼われていたから？　そうではありませんが、人間の近くで生きていたという点では、当たらずとも遠からずといえるでしょう。

50年幼虫として生きたアメリカアカヘリタマムシは、木造の家の柱の中に住んでいました。アメリカアカヘリタマムシの幼虫が住んでいた木が伐採され、そのまま木材に加工されて家の建築資材となっていたのです。ある日、成虫になったアメリカアカヘリタマムシが柱から外の世界に飛び出してきたとき、その家は既に築50年が経過していたため、少なくとも50年以上幼虫の姿で生き延びたという記録が残ったのです。50年というと、家を建てた人はもう既にこの世にはいなかったかもしれません。もしかしたら、家を建てた人のひ孫が生まれているかもしれないくらいの長い月日を、アメリカアカヘリタマムシはじっと見守ってきたのかもしれません。住んでいた木が家の建築資材となったことで、アメリカアカヘリタマムシにとって成長するにはベストとは言えない環境になり、ゆっくりゆっくり成長した結果、これだけの長い時間を要して成虫になったと考えられています。私たちも望んでいないのに、ときにはベストとは言えない環境に身を置かざるを得ないことがあると思いますが、アメリカアカヘリタマムシくらいマイペースに成長していけばいいのだと考えると心の荷が降りるような気がします。

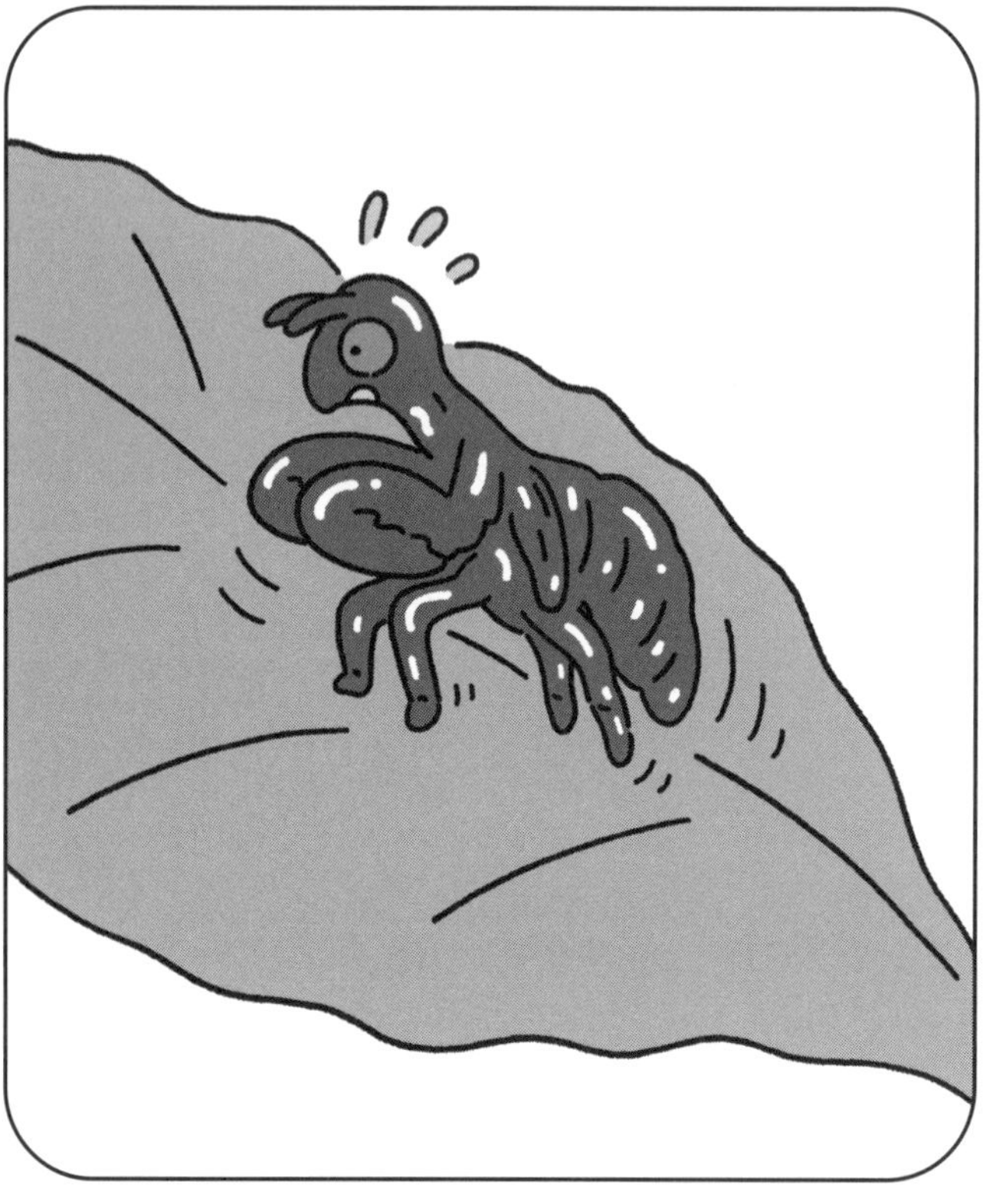

カマキリモドキの歩くサナギ

フシギすぎ！
18

カマキリに擬態しているわけではない!?

カマキリモドキはアミメカゲロウ目の昆虫です。このカマキリにそっくりな見た目をした昆虫は、カマキリと同じようにカマ状の前脚を使って小さな昆虫を捕らえて食べます。実は、あらゆる昆虫をこよなく愛する私の、数少ない少しだけ苦手な昆虫です。かっこいい昆虫だとも思うし、ファンタジー映画で中空を飛びかっていたら、美しさに圧倒されるだろうとも思います。しかし、心惹かれる気持ちの真横に少しだけ苦手という気持ちが存在しているのです。あまりにもカマキリに似ていて、だけれども、どこかが確かに違うという違和感に心がゾワゾワするからだと思います。だから、カマキリモドキの方がよく目にするメジャーな昆虫で、カマキリがカマキリモドキにそっくりだけど何かが違う昆虫だったならば、私はカマキリを少しだけ苦手だと感じていたでしょう。同じ感覚で少しだけ苦手な生き物にウミクワガタがいます。こちらは名前の通り、海に生息しているクワガタによく似た生き物で、昆虫ではなく、ダンゴムシやワラジムシに近い生き物です。

これだけカマキリによく似たカマキリモドキは、小さな昆虫の天敵となるカマキリに擬態しているのかと思いきや、擬態ではなく、収斂進化だと考えられています。

擬態とは、生物が、他の生物や周囲のものに体の色や形を似せることで、天敵の目を逃れたり、獲物にバレにくくしたりすることです。擬態の中でも、本来無害な生き物が毒のある生物に見た目を似せて、狙われにくくする擬態を「ベイツ型擬態」、有害な生き物同士で見た目を似せることを「ミュラー型擬態」といいます。

私は昔、中米のコスタリカで、猛毒のサンゴヘビに擬態した、ミルクヘビというそっくりな無毒のヘビに噛まれたことがあるのですが、わかっていても、毒ヘビそっくりのカラーリングのヘビに噛まれるというのは、かなり恐ろしいもので、しばらく落ち込んでいたのですが、今この原稿を書いているということは、あれは確かにミルクヘビの方だったといえるでしょう。怖い生き物に見間違えてもらうためには、同じような場所に住んでいる必要があります。ですので、もちろん、先ほど名前を挙げたウミクワガタも擬態ではありません。だって、海の生き物はクワガタなんて見たことも聞いたこともありませんからね。

収斂進化とは、擬態しているわけではなく、生息域も違う別々の種類の生き物が偶然にも似たような形や生態に進化することをいいます。ざっくり説明すると、「他人の空似」ということになります。

例えば、モモンガとフクロモモンガが収斂進化の代表的な例です。2種とも脚の間の皮膜を広げて滑空する小さな動物で、生活スタイルも食べるものも似ていますが、モモンガはリスやネズミと同じ齧歯類、フクロモモンガはコアラやカンガルーと同じ有袋類です。これと同じようにカマキリモドキも偶然にカマキリとよく似た形に進化したと考えられています。黄色と黒や茶色の縞模様のものが多く、むしろ、ハチに擬態しているといわれています。私は、この色合いから想起しているのか、上半身はカマキリ、翅はトンボ、下半身はハチと、色んな昆虫に少しずつ似ているからか、妖怪の「鵺《ぬえ》」を彷彿とさせ、なんだか恐ろしく感じます。ちなみに、英語ではMantisflies（カマキリバエ）と呼ばれており、素早く飛ぶ姿はハエにも似ています。

運頼みの成長過程

カマキリモドキが個性的なのは成虫の見た目だけではありません。むしろ、成長過程の方が個性的です。とりわけサナギの不思議さ・面白さは、個人的に5本の指に入るのではないかと思っています。

サナギの時期があるということは、カマキリモドキは、完全変態の昆虫です。しかし、このサナギがあまりに私たちの想像するサナギとかけ離れているので、不完全変態のような印象を受けます。

まず、葉っぱの裏に産み付けられた卵から、細長いヤゴのような幼虫が孵化します。この幼虫はすばしっこくて、その上、お腹の端っこが吸盤のようになっています。幼虫は、クモが偶然近くを通りかかるのを待って、チャンスが来ると、クモの体に乗り移り、そのまま取り付いて、クモの体液を吸って成長します。

このとき、乗り移るクモはメスでなければ、カマキリモドキが成虫になるチャンスはありません。なぜなら、この後、クモの卵嚢の中で成長する必要があるからです。あまりにも運に頼った不確かな成長過程なので、カマキリモドキはたくさんの卵を産みます。たくさん生まれた卵の中で、成虫まで成長できるカマキリモドキはほんの一握りでしょう。カマキリモドキの中にはクモではなく、ハチの巣に寄生する種類もいます。いずれも、他の昆虫はあまり関わり合いになりたくない相手ではないでしょうか。謎に包まれた昆虫で、まだ寄生相手が判明していない種類も多く存在します。

無事、クモの卵嚢まで辿り着けた、大変幸運なカマキリモドキは、クモの卵を食べながら成長し、卵嚢の中でカイコのような繭を作り、サナギになります。このサナギは、「ファレート成虫」と呼ばれます。最大の特徴は、「歩くこと」です。成虫が縮こまったような形のサナギは、繭を食い破って外に出てくると、羽化するのにちょうどよい場所(大抵、草や枝)を探して歩き出します。ウスバカゲロウの項で扱ったカゲロウの亜成虫に似ていますが、ファレート成虫はサナギです。落ち着く場所を見つけ出すとそこでもう1回脱皮を行って、成虫へと変態します。人間が、たまたま知っている昆虫によく似ていたことから、真似したわけでもないのに、勝手にカマキリモドキと名付けたわけですが、カマキリモドキはカマキリモドキらしく個性を発揮して生きているのです。

キノコバエのうんちの繭

フシギすぎ！

19

光り輝くキノコバエの仲間

キノコバエという昆虫を知っていますか？　その名の通り、キノコ栽培では悩みの種となる害虫ですが、人を刺したり、噛んだりすることはない、小さな昆虫です。また、名前に反して、ハエと同じ双翅目《そうし》（別名をハエ目と言うのでさらにわかりづらいのですが）ではありますが、ハエの仲間ではありません。

腐葉土に産卵するため、観葉植物を育てたり、カブトムシやクワガタを飼育したりする人にも馴染みがある昆虫でしょう。人間に直接的な害は与えないけれど、いつもどこからかやってきて、気付くと家の中にいるので、あまり人気のある昆虫ではないと思います。

しかし、このキノコバエも実に魅力に溢れた昆虫なのです。キノコバエの中に特に、面白い変態をするものがいるのですが、この項のタイトルからわかる通り、これからお話しするのは、人気の出そうな変態ではありません。それでも、そういうものこそ、誰かの心には、一際輝いて届くものです。ぜひ、最後までお付き合いください。

キノコバエの多くは、カに似た地味な昆虫ですが、中には鮮やかな体色や華やかな生態の派手な仲間もいます。

「グローワーム」や「ツチボタル」という名前で聞いたことがある人もいるかもしれません。オーストラリアとニュージーランドの鍾乳洞や洞窟に生息するヒカリキノコバエは、その名の通り、光り輝くことで知られています。ヒカリキノコバエの優しい青い光が、雫を連ねたような粘糸をぽうっと照らしているのを見ると、もし、星が涙を流したら、こんな美しさなんじゃないかなと思うのです。ヒカリキノコバエは、肉食のキノコバエで、この粘糸にかかった小さな昆虫を捕食します。もし、私がニュージーランドの小さな昆虫に生まれていたら、間違いなく、ヒカリキノコバエの光に魅了されているうちにとって食われていたと思います。

日本でも、多摩動物公園の昆虫園で見ることができます。日本にいながらにして、生きたヒカリキノコバエを見ることができるなんて、なんと素晴らしい幸運でしょう。長い間、ヒカリキノコバエの命の灯をつないできた飼育員さんの努力の賜物です。展示を休止している期間があったり、平日の限られた時間のみの展示だったりするので、ぜひ、調べてから見に行くことをおすすめします。

ちなみに、多摩動物公園の昆虫園では、日本で唯一ハキリアリも展示しています。

うんちを背負って生き抜く

タイトルに戻って、光の雫とは、対照的なお話をしましょう。うんちです。

キノコバエは、双翅目の昆虫なので、完全変態です。幼虫は、透き通った、ウジやナメクジのような形の幼虫です。キノコバエの中のいくつかの種類では、小さな体で、体より大きいくらいの山盛りのうんちを背負います。彼らが動く様子は、まるで、葉っぱの上を生きたうんちが滑っているようです。

うんちを背負う昆虫は、キノコバエの幼虫以外にも存在します。クビボソハムシやカメノコハムシ、コブハムシといったハムシの幼虫も自らのうんちを背負うことによって、捕食者の目を欺くのです。

キノコバエの幼虫は、このうんちをさらに画期的な方法で活用します。

変態が近づくと、葉っぱの上で回転しながら、迷彩服のように身に纏っていたうんちを少しずつ、葉っぱに塗りたくり、自分の体を中心に、小さな円を作り上げます。

イメージとしては、もんじゃ焼きを作るときの「土手」に近いです。うんちの円を作り終わると、そこを足がかりにして、糸を吐き、繭を作り始めます。それまで身を守るために背負っていたうんちをサナギになる際には、繭という建造物の土台にするわけです。この繭がまた、大変美しいことにも驚かされます。キノコバエは、ベルギーのボビンレースのような緻密な白い繭を作り上げ、その中でサナギに変態し、やがて、成虫になって繭から飛び立ちます。

完全変態のもつ大きな魅力は、ギャップではないでしょうか。地を這うずんぐりとした緑色のイモムシを軽やかで鮮やかなチョウに変え、白くぷにぷにと太ったイモムシに力強い脚や角を与える。変化する前と後の違いが大きければ、大きいほど、変わったときの衝撃も大きくなります。

この面白みを「ギャップ萌え」という軟派な言葉で説明するのは惜しいのですが、全く個性の違う魅力を順番に見せられると、心はジェットコースターのように激しく揺さぶられます。私は、とりわけ、ギャップという魅力に弱い性質なので、一番好きな昆虫は、オオセンチコガネと呼ばれるフンチュウの仲間です。他の動物のフンを食べて成長し、貴金属のような輝きの成虫になるという意外性が堪らなく好きなのです。ですので、キノコバエに関してもかなり贔屓して書いてしまう自覚があります。

キノコバエは、変態以外にも、美しい繭の土台がうんちであるというギャップ、脚のない幼虫が、これほどまでに器用に繭を作り上げるというギャップといった、予想を裏切る魅力をたくさんもっています。カやハエに間違われることも多いような、決して目立つ見た目の昆虫ではありませんが、これだけの個性的な仲間がいるということ自体、なかなか、心惹かれるギャップではないでしょうか。

赤から緑になる
コノハムシ

フシギすぎ！
20

擬態の名人

コノハムシという昆虫を知っていますか？　人気ゲームシリーズ『どうぶつの森』に登場することで、この虫の存在を知った人も多いかもしれません。

コノハムシは、その名の通り、広葉樹の木の葉そっくりの見た目をした昆虫です。擬態の巧みなナナフシ（ナナフシモドキ）と同じナナフシ目に属する昆虫で、熱帯アジアに生息しています。

葉っぱや木、花といった、周囲の環境に似せて身を隠す擬態には、捕食者の目を逃れるための「隠蔽擬態」と獲物に気付かれずに忍び寄るための「攻撃擬態」があります。コノハムシは、隠蔽擬態の典型例で、捕食者から身を守りながら、グアバやマンゴー、カカオの葉っぱを食べて生活しています。

現在は、生体の日本への輸入が禁止されているため、新たにコノハムシ科の昆虫を日本に入れることはできませんが、多摩動物公園の昆虫園や石川県ふれあい昆虫館などの昆虫館の展示で見ることができます。ちなみに、輸入が禁止されている理由は、農作物や樹木に大きな被害を与える可能性があると考えられているためです。非常に魅力的な昆虫ですが、扱いには細心の注意を払う必要があります。

ハナカマキリやムラサキシャチホコ、シャクガといった見事な擬態を披露する昆虫は数多く存在しますが、その中でもコノハムシの擬態は、トップレベルともいえるでしょう。ぜひとも実際にご覧になっていただきたい昆虫です。

扁平なシルエット、葉脈のような模様や葉っぱの色合いはもちろんですが、特に魅力的なのがそれぞれの個体が作り出すニュアンスの違いです。まるで、葉っぱの1枚1枚が異なることを知っているかのように、同じ種類であってもコノハムシ1匹1匹がそれぞれ違う葉っぱを表現しているのです。瑞々しい若葉のような、傷のない艶やかな葉を表現するものもいれば、少し枯れかけて、水分の少ないような、いぶし銀の葉を表現するものもいます。中には、腹部に透き通った紋があり、虫に食われて穴が空いてしまった葉っぱを表現している芸術家肌のコノハムシまで存在します。

もし、私が、ランプの魔人か何かに、なんでも夢を叶えてもらえるとしたら、他の夢は自力で叶えることにして、コノハムシだけでできた森を見せてもらいたいなと思っています。きっと、いつまで見ていても飽きないと思うのです。

交尾をせずに子孫を残す

コノハムシは不完全変態の昆虫です。

見た目がほとんど変わらないことも多い不完全変態の昆虫の中では、孵化したばかりの幼虫と羽化後の成虫で変化の大きい昆虫です。

コノハムシは、植物の種のような風変わりな見た目の卵をポトリと落とすように産みます。卵の期間は、3ヶ月から1年程度と比較的長めです。孵化直後のコノハムシは、成虫のコノハムシよりもほっそりとした体で赤い色をしています。コノハムシが好んで食べる植物の新芽は赤いため、柔らかい新芽を食べるときに目立たないためだとか、孵化してから木に登る間、緑色より目立たないからだといった理由が考えられています。赤色の期間は短くて、数日経つと、成虫と同じ緑色になっていきます。脱皮によって色が変わるのではなく、1齢幼虫の間に赤色から緑色へと変わるのです。ちなみに、環境条件によって緑色から黄色や茶色になるものもいます。変態を伴わない変化がある珍しい昆虫です。

成虫になったコノハムシは、大きさも1枚の葉っぱと同じくらいですが、1齢幼虫は葉っぱよりもずっと小さく、そのままでは葉っぱと見間違うことはないかもしれません。しかし、よく見ると、色や柄は、既に葉っぱのミニチュアのようになっています。脱皮して、2齢幼虫になると、形も大人のコノハムシのように腹部の幅が広くなります。

コノハムシは、幼虫期間が長く、何度も脱皮を繰り返して、ゆっくりと成虫になります。種類や個体によって脱皮の回数は異なりますが、オオコノハムシの場合、10ヶ月ほどかけて、大体9回ほど脱皮します。複雑な体の形をそのまま保った白色の抜け殻を残して、綺麗に脱皮するのですが、脱皮が終わると抜け殻を食べてしまいます。

終齢幼虫ともなると、大きさも形もほとんど成虫と変わらない姿になります。唯一、異なるのが、前翅の長さです。終齢幼虫では、「翅芽《しが》」と呼ばれる膨らみが背中にあるだけなのですが、成虫に羽化するときに、長い前翅が伸びて、背中に葉っぱを背負ったような見た目になります。飛ぶことはできませんが、他の昆虫と同じように前翅は1対で、葉っぱを半分に切ったような翅がピッタリと真ん中でくっつくことで1枚の葉っぱに見えるようになっているのです。

多くの昆虫は変態によって獲得した移動能力で異性を探し、交尾をして子孫を残しますが、コノハムシは例外的な昆虫といえます。

なぜかというと、コノハムシの大半はメスで、ほとんど交尾はしないからです。実は、コノハムシのメスは、単為生殖で仲間を増やすことができます。飛べるような翅もなく、前翅の下に後翅の痕跡のようなものがあるだけで、歩いて移動します。

ごく稀にオスのコノハムシも生まれることがあるのですが、こちらはメスにくらべると細身であまり木の葉には似ておらず、飛ぶことができる長い翅をもっています。もちろん、単為生殖だけではなく、オスとメスが交尾して子孫を残すこともできます。

交尾せずに卵を産むことが多いコノハムシも、産卵が可能になるのは、成虫に羽化してからです。変わった要素の多いコノハムシでも、変態で翅と生殖機能を獲得するのは、他の昆虫と同じなのです。

ちなみに、メスの成虫は、卵を産むために内臓が太くなっているので、背中側を太陽に向けて下から見ると、内臓の影が透けて見えるのですが、普段は、腹部を太陽に向けて木に止まっているので、翅が内臓の影を隠し、主葉脈のように見えるのです。見た目だけではない技巧派の一面ももち合わせているのです。

特別編

変態の様子を観察しよう！

幼虫を捕まえよう

さて、皆さん、だいぶ変態に詳しくなって、興味も増してきたことと思います。「百聞は一見にしかず」といいますので、ぜひ、一度、実際に変態を観察してみてはいかがでしょうか？

この本でご紹介した昆虫の中には、皆さんが今すぐに出会えるような身近な昆虫もたくさんいます。豊かな自然の中にお住まいの方々はもちろん、人間の活動が盛んな場所、例えば、渋谷だとか、新宿といった東京の街の中にも意外な昆虫が潜んでいるものです。

色んな虫の成長する様をページの上で観察してきた皆さんは、昆虫のいない季節が存在しないことをもう既に知っているでしょう。たとえ、草木の凍るような冬にだって、卵やサナギの形で息を潜めている昆虫がいます（そして、稀に、寒い冬こそが活動の中心である昆虫も）。しかし、目当ての昆虫の変態をどの季節でも観察できるわけではありません。もちろん、孵化を待つ卵や餌を食む幼虫もやがて変態につながる1ページですので、気長に待てる人は、好きなタイミングで好きな昆虫を飼育して変態を楽しみに観察するのもよいと思います。変態への熱が高まっている今、すぐに観察したいのだという人は、ぜひ、季節に合った昆虫を探しに出かけてみましょう。

もちろん、ペットショップで購入するのも1つの手です。特に昆虫専門のペットショップでは、その昆虫に合った育て方を相談することもできます。この本でも紹介した、私が愛してやまない昆虫であるカイコは、野生に存在しないため、購入や頒布以外の入手方法がありません。ですので、私は、春先になるとオンラインショップで3齢幼虫を購入して、変態を観察しています。

野外に出て、自分で昆虫を探すことの大きな魅力は、その虫がどんな場所で育ってどんなものを食べているのかを見ることができることです。これは、変態という現象をより深く理解するためにも役立ちます。何より昆虫を捕まえるということは、他の何かに代替しがたい面白さがあります。昆虫採集といえば、対象となるのは大抵、成虫です。しかし、動きの素早い成虫を捕まえる、狩りのような面白さだけではなく、幼虫を探し出すという宝探しのような昆虫採集も独特な面白さがあるのです。

そして、全ての昆虫に共通する守ってほしい約束事があります。それは、飼い始めた昆虫は、最後まで家の中で飼育することです。「最後まで」というのは、変態が終わるまでではなく、その昆虫が死ぬまでということです。どうしても飼えないという場合も、必ず、採集した場所に逃すようにしてください。

アゲハチョウの変態の観察

単にアゲハチョウといったときにはナミアゲハを指すことが多いので、今回は、ナミアゲハの変態の観察の仕方をお話しします。

他のアゲハチョウの仲間の変態を観察したい場合も、勝手は大体同じです。クロアゲハやカラスアゲハといったアゲハチョウの仲間は、ナミアゲハと同じようにミカン科の植物を好みますが、食草が異なるものもいます。例えば、成虫がナミアゲハによく似ているキアゲハはセリ科の植物を食べて育ち、青いステンドグラスのような翅が特徴のアオスジアゲハは、クスノキ科の植物を食べて育ちます。目当てのチョウの種類に合わせて、幼虫を探す場所や、幼虫に与える餌をそれぞれのアゲハチョウが好むものに変えてください。

❶幼虫の見つけ方

ナミアゲハの変態は、4月から9月くらいまで観察することができます。春先に見かける春型のナミアゲハは、サナギの状態で冬を越した個体なので、幼虫から育てるのであれば、初夏に探すのがおすすめです。

アゲハチョウの幼虫を探すとき、虫の姿から探し始めるのは大変です。まず、ミカンやレモン、サンショウといったミカン科の木を探しましょう。

木を見つけたら、葉っぱや枝を観察してみてください。葉っぱに虫食いがあったり、葉っぱを食べ尽くされた枝がある木を見つけたりしたら、幼虫を捕まえるチャンスです。鳥のフンに似た若齢幼虫か、目玉模様をつけた緑色の幼虫を見つけたら、乗っている葉っぱごとちぎって捕まえます。最初から葉っぱをとっていい場所で探すか、その木の持ち主にちゃんと許可をとってから葉っぱをとりましょう。幼虫には、新鮮な葉を与える必要があるので、家の近くで探すのがおすすめです。もう1つの方法として、ミカン科の木を売っている植木屋さんやホームセンターで幼虫を探し、木ごと購入してくるという手もあります。こうすると、そのまま観察できる上に毎日餌をとってくる必要がないので、雨で外出したくない日や忙しい日にも便利です。

おうちに庭やベランダがある人は、変態の観察が終わった後に買った木を外に出しておくと、アゲハチョウが卵を産みにきて、また次も変態を観察することができます。卵が確認できたらすぐまた家の中に入れることをおすすめします。なぜなら、外にはアゲハチョウを狙う寄生バエや寄生バチが待ち構えているからです。

❷変態の観察の仕方

捕まえてきた幼虫は、若齢幼虫の場合、蓋のあるプラスチックの飼育ケースやタッパーのような容器に、餌の葉っぱと一緒に入れて飼育します。ケースは、風通しのよい、直射日光の当たらない場所に置くのがよいでしょう。

幼虫の使命はとにかく食べることですので、常に新鮮な葉っぱがケースにあるように心がけます。たくさん食べて、たくさんフンをするので、毎日、ピンセットや筆を使ってフンを掃除してあげましょう。飼育に必須なものではないのですが、飼育ケースの下に方眼紙やメモリのついた紙を敷くと、幼虫がどれだけ大きくなったのか観察しやすくて面白いです。

終齢幼虫になったら、もっと大きなケースに移します。餌の葉っぱは枝ごと、濡らした脱脂綿を詰めた小さな瓶に挿して、ケースの真ん中に置きます。ケースの中には枝や割り箸などを立てて、サナギになるときに糸を掛けられる場所を用意するとよいでしょう。

いよいよサナギになるときがやってくると、水っぽいフンをして、サナギになる場所を探して徘徊し始めます。ケースの壁や蓋の裏でサナギになってしまうと、羽化するときに滑って上手く羽化できなくなってしまうことがあるので、代わりの場所を用意してあげましょう。紙をアイスクリームのコーンのように丸めてテープや糊で止めます。コーンの深さはサナギのお尻の方が収まって、一番太い部分から上が出るくらいがよいです。これを割り箸などの足場につけておけば、アゲハチョウのサナギのベッドの完成です。

クワガタの変態の観察

クワガタと一口に言っても、国内外合わせて様々なクワガタがいます。最終的には、自分が最も心惹かれるクワガタを飼ってほしいですが、種類によって飼育の難易度が大きく変わってくるので、最初は、飼いやすいクワガタの変態を観察することをおすすめします。

ノコギリクワガタやコクワガタなど、身近で見つかるクワガタであれば、いずれも比較的簡単に飼育することができます。クワガタを捕まえるのは、夏だけだと思っていませんか？　実は、幼虫採集の旬は、冬から春なのです。

❶幼虫の捕まえ方

持ち物は、虫網ではなく、軍手とスコップ、それに捕まえた幼虫を入れるためのプラスチックケースがあれば十分です。クワガタを探しに行く場所は、夏にクワガタを探しに行くのと同じく、クヌギやコナラといったクワガタが好む樹木がたくさん生えているところが狙い目です。もし、夏にたくさんクワガタがいる場所を見つけていたら、そこは冬の昆虫採集でもかなり期待がもてます。夏に樹液を舐めていたクワガタがその近くに産卵している可能性が高いからです。

クワガタが産卵するのは、生き生きとした木ではなく、切り株や枯れ木、朽ち木です。じんわり湿ってホロホロに崩れそうな木片が半分土に埋まっているところがあったら最高です。優しく掘り起こして、クワガタの姿を探してみましょう。産卵痕といわれる穴状の傷があれば、かなりの高確率で幼虫が見つかるはず。見つけた幼虫は、周囲の朽木を少量一緒にもち帰ります。

このときのポイントは、クワガタがいる朽木をごっそりもち帰ったりしないこと。そして、必要以上の数を採集しないことです。これは、来年やその先の未来でも、ずっと昆虫採集を楽しむための約束事です。コクワガタやヒラタクワガタなど、成虫も冬越しするクワガタは、この方法で冬眠している成虫を捕まえることもできます。

❷変態の観察の仕方

捕まえてきたクワガタの幼虫は、発酵マットや菌糸瓶の中に入れて飼育します。大体4月から5月にサナギになります。運よく、ケースや菌糸瓶の側面に蛹室を作った場合には、そのまま変態の様子を観察することができます。クワガタが作った蛹室のままで観察するのが最も安全なのですが、マットや菌糸瓶が劣化していたり、蛹室を作った場所が悪かったりした場合には、スプーンなどを使って優しく掘り出し、人工蛹室での観察に切り替えてもよいでしょう。ケースや菌糸瓶の底に蛹室を作ってしまうと羽化するのが難しいことが多いです。前蛹のときに移し替える方法と、サナギになってから移し替える方法があるのですが、タイミングを見極めるのが難しいので、おすすめは後者です。

人工蛹室は専用のものも売っていますが、水を染み込ませた、生花用のオアシスを蛹室の形に掘ったものをプラスチックケースに入れて人工蛹室として使うこともできます。サナギにはちょうどよい湿度が必要ですが、水分に強いわけではないので、オアシスを指で押してみて少しだけ水分が滲むくらいがよいでしょう。そして、衝撃を与えないように静かな場所で保管して、羽化の瞬間を待ちます。

ちなみに、幼虫、あるいは成虫のペアを購入して育てるのであれば、一番のおすすめは、パプアキンイロクワガタです。卵から4ヶ月から6ヶ月程度で成虫になるのと、丈夫で手間がかからないところが、変態の観察の第一歩にうってつけです。さらに、カラーバリエーションも豊富なので、サナギを見ながら、どんな成虫が羽化するのかを想像する楽しみもあります。

セミの変態の観察

変態の観察が面白いのは、完全変態だけではありません。不完全変態の昆虫代表としてセミの羽化を観察してみましょう。皆さんがお住まいの地域によって捕まえやすいセミの種類は異なりますが、観察の手順は変わらないので、ぜひ、縁があったセミの変態を観察してみてください。

アゲハチョウやクワガタの観察は、飼育を伴っていたのでお家の中に昆虫をもち帰る前提としていましたが、セミの羽化は野外でも簡単に観察することができます。春に桜を見るように、秋に紅葉を見るように、夏は、セミの羽化を見て季節を感じるのも、風情があって素敵ですね。一部始終を見届けるのにはなかなか時間がかかるので、他の昆虫と同じようにお家にもち帰って観察することもできます。

❶幼虫の見つけ方

季節は、夏真っ盛りの7月半ばから8月が適しています。夕方6時から9時ごろが一番盛んに観察できる時間帯です。木がたくさんあって、昼間、セミの鳴き声がよく聞こえる公園に行って、セミが掴まりやすそうな木の幹を見てみましょう。既に抜け殻がついていたり、根元の地面に親指大の穴がいくつも空いていたりする木が狙い目です。

❷変態の観察の仕方

きっと、羽化するために地面から出て木を登っているセミの幼虫が見つかるはずです。1匹、セミの幼虫が見つかったら、近くにもっとたくさんいる可能性が高いので探してみましょう。1匹の変態を観察すると、2～4時間かかってしまいますが、羽化の時間にはズレがあるので、複数のセミを観察することで地面から出てきたばかりの幼虫から、羽化途中、羽化が終わって翅を乾かしている成虫まで一度に観察することができます。

幼虫の採集には虫網は必要ありません。今、まさに羽化しようとしている幼虫を捕まえると弱って羽化できずに死んでしまうことがあるので、上の方にいる個体ではなく、手の届く範囲の幼虫を捕まえることをおすすめします。羽化が始まっているセミがいたら、驚かせないように静かに観察しましょう。

家にもち帰って観察したい場合は、まだ出てきたばかりの幼虫を優しく捕まえて、カーテンや網戸につけておきます。落ちたときのために下にタオルを敷いてあげると親切です。

セミの幼虫を見つけることができたら、皆さんが見つけたセミの幼虫の種類も調べてみましょう。

東京都心部で見られるセミをかなり大雑把に分類すると、茶色1色だったらアブラゼミ、アブラゼミと同じくらいの大きさで緑がかっていたらミンミンゼミ、アブラゼミやミンミンゼミより、一回り大きかったらクマゼミ、アブラゼミに似ているけれど一回り小さかったらヒグラシ、ヒグラシと同じくらいの大きさでほっそりしていたらツクツクボウシ、泥がたくさんついていたらニイニイゼミです。

蝉時雨の中に、自分が羽化を見守ったセミの声があるかもしれないと考えると、暑い夏を今まで以上に楽しく過ごせそうです。

おわりに

「なぜ、昆虫が好きなのか？」「昆虫のどんなところが好きなのか？」と聞かれることがあります。インタビューの質問だったり、友人からの素朴な疑問だったり、様々な場所でしばしば問われるのですが、完璧な回答はまだ用意できていません。「動物」や「生命」に共通して、私が感じている魅力ではなく、「昆虫」に特別に感じている魅力を考えたときに、確実に挙げられると思うのが、その多様さです。

多種多様という昆虫の魅了が、「変態」という特異な現象によって作り出されていることを考えると、昆虫のマニアであるということは、多かれ少なかれ、変態のマニアでもあるということになると思います。

個人的な話ですが、この書籍の原稿は、妊娠中と出産後に執筆しました。まだ赤ちゃんは生まれたばかりなので、言葉を話すまで、当分かかります。だから、どんなものに心惹かれるかもまだ未知数です。強いていうなら、しらすのおかゆが好きそう、そのくらいしかわかりません。

家にいる、パプアキンイロクワガタの幼虫をプラスチックのケース越しに見せると、小さなクリームパンのような手を伸ばしてきますが、まだ幼虫に興味があるのか、プラスチックケースに興味があるのか、それとも大人のもっている、見たことのないものに興味があるのかすら、汲み取ることができません。

親子だからといって、好きになるものが同じとは限りませんし、赤ちゃんにも昆虫を好きになってほしいとは思っていません。もしかしたら、昆虫を怖いと感じる可能性だってあります。それでいいのです。

しかし、昆虫の驚異的な種の数を生み出した「変態」という現象に面白みを感じる人になってくれたらいいなと思います。

昆虫の身に起きていることは、とても小さな世界のお話です。けれど、その小さな世界は、果てしなく大きな世界につながっています。小さな世界の重要性に気付く力は、人生を豊かにすると思います。

変態のような、小さくて大きいものを拾い上げて、その重要性を感じ、知りたいと思う好奇心を我が子にも、同じように大切に思っている読者の皆さんにも、そして、私自身にも期待しています。

篠原かをり（しのはら・かをり）

動物作家・昆虫研究家・タレント

1995年生まれ。慶応義塾大学SFC研究所上席所員。
日本大学大学院芸術学研究科博士後期課程在籍。
著書に『LIFE 人間が知らない生き方』（文響社・共著）、
『フムフム、がってん！いきものビックリ仰天クイズ』
『よし、わかった！いきものミステリークイズ』
『雑学×雑談 勝負クイズ100』（いずれも文藝春秋）などがある。
日本テレビ『嗚呼!!みんなの動物園』の動物調査員など、
テレビやラジオでも活動。
現在は、昆虫の好感度向上を目指し、
人間と昆虫の関わりについて研究しています。

𝕏 @koyomi54334

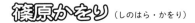

JASRAC 出 2501010-501

歩《ある》くサナギ、うんちの繭《まゆ》

昆虫《こんちゅう》たちのフシギすぎる「変態《へんたい》」の世界《せかい》

2025年3月20日　第一刷発行

著　者　篠原《しのはら》かをり
発行者　佐藤靖
発行所　大和《だいわ》書房
東京都文京区関口1-33-4
電話　03-3203-4511
イラスト　間芝勇輔
装丁・DTP　髙井愛
校　正　東京出版サービスセンター
編　集　刑部愛香（大和書房）
本文印刷　信毎書籍印刷
カバー印刷　歩プロセス
製　本　小泉製本

ISBN978-4-479-39445-7